KB273989

Fall

인간과 자연이 공존하는 천혜의 보물섬
하늘 땅 바람이 노니는 제주도의 사계절

Winter

세계 7대 자연경관 견문록

자유인!

자연처럼 자연스럽게 살다가 자연 속으로 돌아가고 싶다.

그리고 가고 싶은 곳, 하고 싶은 것, 원하는 것을 자연스레 이루고 싶다.

순리에 따라 자연 앞에 마음을 비우고 진정으로 자유인이 되고 싶다.

자유인 김완수의 세계 7대 자연경관 견문록

제주도 세계 7대 자연경관 홍보대사 김완수 지음

가림출판사

중소기업 경영자이면서 세계여행 작가로서, 세계 7대 자연경관의 최종 후보지 28곳을 3년간 탐방한 것을 토대로 자유인 김완수의 《세계 자연경관 후보지 21곳 탐방과 세계 7대 자연경관 견문록》이라는 책을 출간하게 되었다. 그는 몇 년 전부터 국내외 여행에 심취하여 세계 3대 폭포, 세계 3대 미항, 세계 7대 불가사의를 뜻하는 《3·3·7 세계여행》을 출간한 바 있다.

사람들이 처음 여행을 할 때는 문화유산(manmade)을 찾아 떠나는 것이 일반적이다. 그러다가 어느 정도 여행의 묘미를 알게 되면 자연유산, 즉 신의 작품(godmade)을 찾아 나서게 된다. 자연유산은 문화유산에 비하여 다양한 모습을 지니고 있어 계속 찾게 되고 또 가고 싶은 충동을 일으키는 것이다. 누군가가 말했다. 사람이 세상에 태어난 이유 중의 하나는, 위대한 자연을 바라보고 '앗' 하고 감탄하는 것이라고……

김완수 씨가 진행했던 이번 여행지들은 스위스의 비영리단체인 뉴세븐원더스(the new 7 wonders) 재단이 전 세계 자연경관 440곳 중에 엄선한 28곳으로 '세계 7대 자연경관' 후보지역에 포함된 곳들이다. 모든 곳이 자연경관으로서 훌륭한 자격과 가치가 있는 곳이지만, 특히 우리나라의 제주도가 '세계 7대 자연경관' 에 포함되었다는 것은 반갑고도 자랑스러운 일이다. '세계 7대 자연경관' 후보지 28곳을 모두 다녀온 저자의 놀라운 집념과 끈기가 더해 제주도가 선정된 기쁨을 안았다고 생각한다.

무엇보다도 이 책이 자연경관을 사랑하고 여행을 좋아하는 모든 사람들에게 즐겨 읽히면서 다양한 지식과 정보를 공유할 수 있기를 바란다.

박 승(전 한국은행 총재)

　제주의 도전과 선정으로 더욱 관심을 끈 뉴세븐원더스 재단의 세계 7대 자연경관 선정이 마무리 되었다. 그동안 후보지 국가의 지도자들이 직접 나서 투표를 호소하는 등 세계적 이슈이자 이벤트로 자리매김을 하면서 경합이 다소 과열되는 양상을 보이기도 했었다.

　인간의 선택은 28곳의 후보지 가운데 최종적으로 7대 경관으로 걸러냈지만 과연 인간이 자연을 순위 매길 수 있는 존재인지에 대해선 뭐라 말할 자신이 없다. 메마른 사막에서는 가시 돋은 선인장 이 자라고, 열대의 숲에선 잎이 넓은 초목이 무성한 것처럼 대자연의 모습에는 언제나 '있는 그대로 의 조화로움'이 깃들어 있기 때문이다.

　저자인 김완수 씨가 넓디넓은 지구의 구석구석을 밟아 28곳이나 되는 자연유산을 직접 목격한 일 도 놀랍지만, 그보다 더욱 대단한 것은 이토록이나 다채로운 대자연의 얼굴을 시종일관 정성스럽게, 순수하고 진실한 태도로 기록해 책으로 엮어냈다는 사실에 고마움을 전하고 싶다. 굳이 말로 설명하 지 않고도 존재 자체만으로 우리에게 감동이 되고 치유가 되고 삶의 희망과 깨달음이 되어주는 대자 연의 다양한 얼굴들을 깨알같이 기록한 이 글을 읽다보면, 직접 맞닥뜨린 경이로운 시공간에서 혹여 한 조각의 감동이라도 놓칠세라 촉각을 세웠을 저자의 모습이 눈에 보이는 듯하다.

　세계 7대 자연경관이 선정되었지만, 투표의 결과가 중요한 것은 아니다. 비록 세계 7대 자연경관 에 선정되지 못했을지언정, 세계 7대 자연경관 후보지들은 그 의미만으로도 자연의 위대함과 경이 로움을 알려주고 있기 때문이다.

　모쪼록 많은 이들이 자유인 김완수의 《세계 자연경관 후보지 21곳 탐방과 세계 7대 자연경관 견문 록》을 읽어 비록 세계 28대 자연경관의 위대함을 직접 보지는 못하지만, 책으로나마 그 경이로운 자 연의 세계로 여행을 떠나기를 기원해본다.

이재곤(경기대학교 관광학과 교수)

인도에 가면 다음과 같은 이야기가 있다.

'인생의 후반기에는 무거운 짐 내려놓고 자연으로 돌아가라'······

그러나 아직 나는 무거운 짐을 지고 역마살 있는 말띠 인생을 살고 있는 것 같다.

'세계 7대 자연경관' 후보지 28곳 완주······ 그것은 나에게 어울리지 않는 무모한 도전일 수도 있다. 그 후보지는 세계적인 자연경관 지역이기 때문에 대부분이 그 나라의 오지 중에 오지에 있고 생명의 위협을 감수하면서까지 한 여행이었기 때문이다.

서양 속담에 '자연은 의사다(nature is doctor)'라는 말이 있다. 요즘 유행하는 올레길, 트레킹, 그리고 산, 강, 바다의 대자연 경관. 그 자연경관을 만나면서 더욱 건강해지고 육체적으로는 12년 띠 동갑과 맞설 정도로 자신감이 생겼다. 세계 7대 자연경관 후보 지역인 한라산, 킬리만자로, 테이블마운틴, 베수비오 산, 엘윤키 등을 등정하면서 정신과 육체가 한 단계 상승되고 더 높은 곳을 향한 꿈이 생긴 것이다.

세계 자연경관을 만나면 자연에 대한 사랑을 넘어 존경심이 생긴다.

자연을 존경하라!

하늘이 내린 위대한 자연은 우리시대의 자산이 아니라 계속 후손에게 물려줄 위대한 자산인 것이다. 순간의 욕심에서 자연을 훼손하면 그 자연은 인간에게 혹독한 대가를 지불하는 것 같다. 자연을 아끼고 자연을 사랑하는 마음을 넘어서 하늘이 내린 신의 걸작품인 자연경관에 대해서 항상 존경하는 마음으로 대하고 싶다.

세계 7대 자연경관 지역을 바라보면서 느낀 점을 솔직하게 서술하였고, '현지인보다 더 현지인답게' 각종 여정을 소화하려고 노력했다. 그러나 한정된 기일에 많은 경험을 한다는 것이 애초부터 무리였고, 현지의 기상관계로 많은 어려움이 발생하였지만 미흡한 지역은 여행을 다시 한번 하는 등(캐나다의 펀디 만, 미국의 그랜드 캐년, 남아공의 테이블 마운틴, 베트남의 하롱 베이, 브라질의 아마존 등) 나름대로 최선을 다하면서 이 책을 집필하였다.

무엇보다도 '세계 28대 자연경관'이기 때문에 아름다운 경관을 사진으로 잘 전달하는 것이 문제였다. 자연경관은 좋은 사진을 남겨야 한다는 생각이 간절하였으나 보통 후보지마다 3~5일씩 체류하는데, 날씨 문제가 가장 큰 애로점으로 다가왔다. 체류기간 내내 비나 눈이 내리는가 하면, 레바논 제이타 동굴 등 일부지역은 환경 보존을 위해 아예 카메라 촬영을 금지하는 곳도 있었다. 그래서 일부 사진은 제주도특별자치도와 제주관광공사를 비롯한 다른 곳에서 협조를 받은 것이 있다.

세계적인 자연경관을 바라보면서 스스로가 행복하다는 것을 느꼈다. 인간이 태어난 이유 중의 하나가 위대한 자연을 바라보고 '앗'하고 감탄하는 것이라고 추천사에서도 언급됐듯이 내가 태어난 이유 중의 하나를 발견했기 때문이다. 그래서 '자연경관 여행찬가'를 이렇게 표현하고 싶다.

'자연경관'을 여행하는 자가 세상에서 제일 행복하리라!
여행할 수 있는 시간이 있고, 여행할 수 있는 건강이 있고
여행할 수 있는 여유가 있기 때문이다.
게다가 좋아하는 사람과 함께 여행한다면
'여행은 영화처럼' 하는 것이다.

2011년 11월

작가 김완수

Contents

김완수의 세계 7 대 자연경관

김완수의 세계 자연경관 후보지 21곳 탐방

Korea

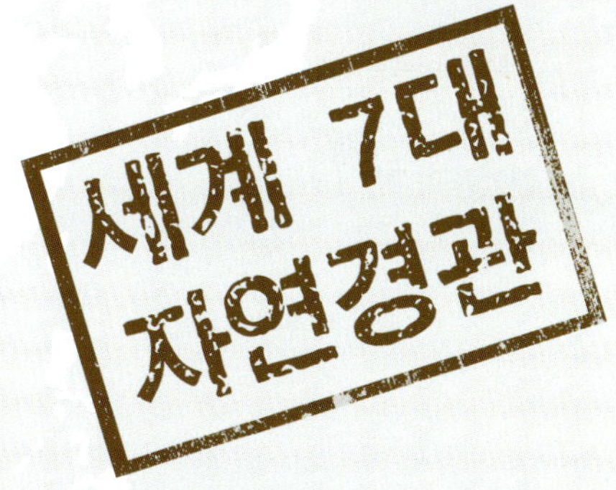

 섬 전체가 거대한 화산 박물관

제주도(Jejudo)

제주도는 한국인의 마음속 고향이다.
우리들은 수없이 그 섬의 이름을 불렀고, 섬은 철마다 옷을 갈아입으며
우리들을 기다려왔다.
다시 찾은 제주도 한반도 형태의 구름은 우리에게 주는 기쁨의 예시가
아니었을까.

제주도 우리들은 수없이 그 섬의 이름을 불렀고, 섬은 철마다 옷을 갈아입으며 우리들을 기다려왔다. 바다를 건너온 그리운 바람이 이방인의 손등을 애무하고, 새벽 바다는 물안개를 계속해서 피어내고 있었다.

한라산, 성산일출봉, 만장굴, 그리고 수많은 오름들, 우리는 그 정겨운 이름 속에서 '마음속의 고향'을 느꼈을지도 모른다. 반평생을 무인도와 바다를 떠돌며 살던 시인 이생진 님도 그리운 바다 성산포를 '술은 내가 마시는데 취하긴 바다가 취한다' 했다. 제주도의 바닷바람에 아련한 정감이 떠올랐을까. 나는 성산일출봉 앞에서 나를 돌이켜보고, 제주도 바다 위로 솟구치는 돌고래의 향연을 바라보며 우리의 본질과 희망찬 내일을 동시에 바라보았을지도 모른다.

제주도는 한국인의 마음속 고향이었다. 한국에서 가장 큰 섬이며, 약 120만 년 전에 시작된 화산활동으로 만들어졌다. 어디 그 뿐이던가. 섬 전체가 화산박물관의 역사로 지리적 가치를 따질 수 없으며, 한라산을 중심으로 360여 개의 오름이 있다. 지하에는 태고의 신비를 간직한 160여 개의 용암 동굴이 섬 전체

한반도 남쪽에 있는 제주도는 동서로 약 73km, 남북으로 31km의
타원형 모양을 한 화산 섬이다. 섬 중앙에는 1,950m의 한라산이 우
뚝 솟아 있다. 제주도는 한라산과 성산일출봉, 거문오름과 동굴 등의
특이한 화산지형으로 유네스코로부터 세계자연유산, 세계지질공원,
세계생물권보전지역 등 유네스코 자연환경분야 3관왕에 올라 있다.
섬, 화산, 폭포, 해변, 국립공원, 동굴, 숲을 모두 갖춘 유일한 후보지
로 이번에 당당히 세계 7대 자연경관에 오르는 쾌거를 이룩하였다.

에 흩어져 있다.

예로부터 제주도는 삼다도의 애칭을 가지고 있다. 바람과 돌, 여자가 많다는 것. 여자가 많은 까닭은 해녀 등 여성의 삶이 주류를 이루었기 때문일 것이고, 진기하며 지질학적 가치가 높은 돌이 많은 까닭은 활발한 화산 활동 덕분이었다. 섬의 한가운데 우뚝 솟은 한라산 자락은 마치 여인네의 치마폭을 해안까지 길게 펼쳐 놓은 것 같은 형상이다. 한라산은 제주인들에게 어머니 같은 존재다. 제주인들은 척박한 자연환경 속에서 한라산에 의지하며 삶의 터전으로 살아왔던 것이다.

 ## 성산일출봉의 또 다른 이름 '크라운 마운틴'

'해 뜨는 오름'으로 불리는 성산일출봉•. 이른 새벽의 일출이 장엄하여 '성산일출'이라 하였으며 예로부터 제주의 제1경으로 꼽혔다. 성산일출봉의 원래 모습은 제주도와 떨어져 있는 섬이었으나, 약 1.5km에 걸친 모래톱으로 제주도와 연결되었다. 성산일출봉 정상에서 연결된 모래톱을 바라보면 양쪽의 바다로 갈라진 '모세의 기적'이라 불릴 만했다. 멀리 장엄하게 서 있는 한라산과 수많은 오름, 그리고 섭지코지, 바로 앞에는 성산읍과 검은 기암괴석이 있는 비치, 돌고래의 서식처인 일출봉 앞바다와 소가 누워 있는 모습의 우도(牛島), 뒤에는 왕관 모습의 크라운 마운틴(crown mountain), 이곳이 바로 세계의 으뜸가는 절경이 아니라면 어디겠는가.

성산포 항에서 유람선을 타고 바닷가로 나갔다. 성산일출봉 바다가 술에 취한 듯 출렁였고, 유람선은 덩실덩실 춤을 추며 성산일출봉 주위를 선회하였다. 그 순간, 성산의 모습이 보였다. 99개의 봉우리에 가운데 움푹 파인 모습, 그것은

성산일출봉에서 바라본 모래톱과 오름들

크라운 마운틴 모양을 한 성산일출봉

왕관의 모습이었다. 양옆으로 늘어진 기암괴석과 능선은 왕관의 구슬과도 같다. 왕관형태의 모습과 성산(城山)이라는 이름이 합쳐져 '크라운 마운틴'이라는 명칭이 떠올랐다. 아름답고, 듣기 편하고, 기억하기 쉬워 금상첨화였다.

그 왕관 앞에서 성산일출봉 바다는 춤을 추고 있었고, 어디선가 돌고래떼가 나타나 바다의 향연을 만들고 있었다. 크라운 마운틴 왕관 앞에서 수십 마리의 돌고래가 비상하며 위용을 뽐내고, 무뚝뚝한 소 모습의 우도는 그 모습을 점잖게 바라보고 있는 것 같았다.

한라산 정상 분화구에 생명이 담겨 있다

백두에서 흘러내린 산줄기가 공룡의 뼈와 같은 백두대간을 타고 내려와 잠시 남쪽 바다의 물속으로 숨어들었다가 다시 공룡의 머리처럼 솟구쳤다. 그곳이 한라산이다. 동서로는 평탄하면서 광활하게 펼쳐져 있으며, 남쪽은 급한 편이고 북쪽이 비교적 완만한 형태다. 그러므로 한라산은 쉽게 접근을 허락하지 않는 산이 아닌 것이다. 따뜻한 미소를 띠며 그 품에 모든 것을 감싸 안은 산인 것이다.

백록담이란 이름은 흰 사슴을 탄 신선이 내려와 물을 마셔서 붙여졌다고 한다. 분화구 안에는 수많은 야생화가 피어 있으며 노루 가족도 종종 나타난다. 생명이 숨 쉬는 푸른 물의 백록담은 주위의 풍경과 어울려 한 폭의 그림처럼 정상을 지키고 있었다.

한라산의 겨울은 하얀 순백이다. 아름답고 포근한 눈은 모두 순수한 아이로 만들어버린다. 젊은 연인들은 눈을 굴려 눈사람을 만들고, 아이와 어른이 뒤섞여 신나는 곳이다. 세상천지가 온통 백설이니 머릿속까지 하얀색이 된 느낌이다. 한라산의 위대한 백색 신비 앞에서 인간의 본질로 회귀한 게 아닐까.

　한라산의 눈은 11월부터 쌓이기 시작한다. 눈구덩이가 허리까지 빠지는 곳도 있다. 겨울철의 해가 지난 고원지대에는 눈꽃과 아울러 얼음꽃도 핀다. 한라산은 사시사철 아름답지만, 겨울 눈꽃은 더욱 아름다워 산행객의 방문이 끊이질 않는다.

　누군가가 말했다. '산에 오를 땐 곰처럼 오르더니, 내려갈 때는 다람쥐처럼 잘도 내려간다'고. 특히 눈 내리는 한라산의 오름길은 더욱 그랬다. 미끄럽지 않게 아이젠을 신발에 끼고 뚜벅뚜벅 걸어가니 뒤에서 보면 영락없는 곰 모습이다. 정상에 오르기 위한 가장 일반적 코스는 상판악 코스이다. 상판악에서 진달래 산장까지의 3시간 코스는 평지나 완만한 지역이 많아서 눈꽃을 구경하며 산

행하기에 수월하다. 진달래 산장에서 한라산 정상까지 2시간에 걸친 눈 덮인 산행은 조금 힘들었지만, 곳곳에서 아름다운 자태를 드러내는 한라산의 눈꽃은 그야말로 절경이다.

드디어 한라산 정상 백록담에 올랐다. 정상에서부터 시작된 수십 개의 봉우리와 능선, 백록담에까지 소복한 것처럼 하얀 눈으로 뒤덮여 있던 곳. '백두산 천지에서 한라산 백록담까지' 우리 한민족은 얼마나 외쳐댔던가! 한반도 형태의 구름은 우리에게 주는 커다란 희망의 예시가 아니었을까!

용암 동굴의 어머니 거문오름

한라산이 '아빠화산'이라면, 오름은 여기서 뻗어나온 '자녀화산'이다. 거문오름은 '검다'라는 의미를 지니고 있다. 숲이 울창한 한낮에 들어가도 어두컴컴하다. 거문오름은 해발 456m로 지금부터 약 10~30만 년 전에 화산활동으로 형성되었다. 폭발적인 화산활동과 함께 분화구로부터 막대한 양의 용암류를 분출시켰다. 거문오름에서 분출된 용암은 구불구불 흘러가면서 만장굴과 용천 동굴 등 약 20여 개의 동굴을 만들었는데 그 거리가 14km에 달한다. 그 거문오름이 용암 동굴의 어머니 역할을 하는 것이다.

거문오름 탐방은 두 개의 코스가 있다. 하나는 자연유산 해설사가 동행하는 분화구 코스이고, 다른 하나는 거문오름의 9개 능선을 둘러보는 정상 코스다. 먼저 자유탐방으로 전망대가 있는 정상 코스로 올랐다. 나무계단을 따라 10여 분을 올랐더니 거문오름 전체를 조망하는 전망대가 나타났다. 가운데가 움푹 들어간 분화구 주위로 9개의 능선이 보였다. 분화구 안에는 수많은 나무가 안

동양 유일의 해안 폭포인 정방 폭포의 아름다움

락하게 자라고 있었으며 그 주위를 능선들이 아늑하게 감싸 안고 있었다.

분화구 코스 트레킹은 빼곡하게 들어선 삼나무 숲이 가장 먼저 반긴다. 삼나무 숲을 지나면 화산활동 흔적이 남아 있는 용암협곡이 나오고, 그 뒤로 숯가마 터가 있다. 그곳에는 한여름에도 시원한 풍혈이 나온다. 커다란 바위에는 홉사 검은 혹처럼 달린 화산탄이 보이는데, 이는 분화구에서 솟구친 용암덩어리가 공중에서 떨어진 것으로 이 화산쇄설물이 바위에 붙은 것이다.

나무가 빼곡한 오솔길을 지나면 난온대 식물이 함께 자라는 희귀한 식물터가 나온다. 이곳은 곤충류와 많은 철새들의 번식지가 되고 있다. 곶자왈이라 부르는 지대를 지나면 수직 동굴을 끝으로 용암협곡이 나타나고 깊이만 35m인 수직 동굴이 나타난다. 기나긴 숲 터널을 지나면 초원이 나타나고 해설이 끝난다. 거문오름 트레킹은 지구 역사의 산물을 눈으로 직접 확인할 수 있는 자연해설 탐방로이다.

세계 최대의 용암 동굴인 만장굴, 그리고 형제 동굴들

거문오름과 함께 유네스코 세계자연유산에 지정된 '거문오름 용암 동굴계'에는 만장굴을 비롯하여 용천굴, 김녕사굴, 당처물 동굴, 벵뒤굴 등 20여 개의 동굴이 있다. 분화구로 분출된 용암류는 해안까지 지형경사를 따라 북동쪽으로 구불구불 흘러가면서 '선흘곶' 이라는 독특한 곶자왈 지형을 만든다. 왼쪽으로 방향을 튼 용암은 벵뒤굴을 만들었고 오른쪽으로 방향을 튼 용암은 만장굴, 김녕굴, 용천굴 등을 만들며 바닷가로 흘러가 각각의 동굴이 독특한 개성을 지니게 된 것이다. 특히 용천 동굴은 용이 승천하는 한

폭의 그림처럼 화려한 자태를 드러냈다.

만장굴의 총 길이는 약 8km, 폭이 2~23m, 높이 2~30m로 세계 최장의 용암 동굴이다. 동굴 안은 여름에도 한기를 느낄 정도로 차가우나, 겨울에는 반대로 따뜻하다. 만장굴의 내부는 상당히 웅장하다. 약 600m 정도 들어가면 정교한 조각품 같은 돌거북이 나타나는데 탐방객에게 인기가 좋다. 동굴천정의 종유석, 약 7m 정도의 용암 기둥을 비롯하여 이층터널 등 신기한 경관을 볼 수가 있다. 만장굴은 입구로부터 약 1km까지 관람이 가능하다. 용암 기둥은 천정으로 흘러 내리던 용암이 굳어져서 만들어진 것이다. 이러한 특이한 형성 과정에 의해 만든 석주는 전 세계적으로 매우 귀하며 규모도 세계 제일이다.

동양 유일의 해안 폭포인 정방 폭포와 주상절리

정방 폭포는 아시아에서 유일하게 폭포수가 바다로 직접 떨어진다. 하얗게 떨어지는 폭포수는 인어처럼 넓은 바다로 헤엄쳐 나간다. 가까이 다가서니 폭포 이슬로 옷이 젖어버렸다.

폭포 높이는 23m, 해변에 앉아 세차게 떨어지는 정방 폭포를 바라보면 바다와 폭포의 귓속 이야기를 듣는 것 같다. 정방 폭포 암벽에는 서불과지(徐市過之)라는 마애명이 있다. 중국을 통일한 진시황제는 서불이라는 사람을 통하여 불로초를 구하도록 했다. 서불은 한라산에서 불로초를 구하러 왔다가 정방 폭포 암벽에 '서불이 이곳을 지나갔다'는 글을 남겼다. 서귀포에는 황제가 노닐던 연못이란 뜻의 천제연 폭포와 뛰어난 계곡의 아름다움이 있는 천지연 폭포가 있다.

주상절리는 정방 폭포 인근에 있다. 웅장한 돌기둥이 병풍처럼 펼쳐진다. 신이 다듬어 놓은 듯 정교하게 겹겹이 세워놓은 사각의 육모꼴 돌기둥은 볼수록 신

•주상절리
단면의 모양이 다각형(보통 4~6각형)의 긴 기둥모양을 이루는 것을 뜻한다.

신비한 돌기둥의 웅장함을 자랑하는 주상절리

비하다. 에메랄드 바다와 절묘하게 깎아진 절벽으로 높은 파도가 부딪혀 무지개를 만들어낸다. 오묘한 자연의 신비가 눈앞에서 펼쳐지고 있었다.

➡️ 제주도에 사는 두 마리의 용

한 마리의 용은 승천하려다 바다에 떨어져 머리를 위로 향한 용두암이고, 다른 한 마리의 용은 막 바다로 뻗어 나가려는 형태가 있는 용머리 해안이다. 용머리 전설에는 돌과 바람이 거친 땅에서 삶의 애환이 서려 있는 제주 사람들의 좌절과 희망이 동시에 깃들어 있다.

하늘로 승천하지 못한 용은 억울한 사연을 호소하려는지 눈은 하늘을 향해 있고 입은 크게 벌리고 있다. 용머리 해안은 높이 20m의 수직 절벽이 600m에 걸쳐 길게 펼쳐져 있는데, 산방산 정상에서 내려다보면 마치 용의 머리 같은 것이 바다로 뻗어가는 형상으로 엎드려 있었다. 얼마나 안타깝고 애절한 사연이 있는 모습인가. 절벽은 자연의 신비처럼 주름이 잡혀 그 애절한 풍경을 담아내고 있었다. 이곳에는 네델란드 출신인 하멜이 표류한 것을 기념하는 하멜전시관이 있다.

천혜의 아름다움을 갖춘 보물섬 제주도. 지구 역사의 산물이자 바다와 함께 했던 제주인들의 삶을 담아내고 있다. 세계 속의 제주도가 되는 그날을 간절히 바라며, 우리들의 고향 제주도를 마음속 깊이 간직해야 한다. 그 찬란한 망망대해에서 세찬 바람과 함께 풍화작용을 멈출 수 없었던 돌과 삶을 헤쳐나간 여인의 모습이 아직까지도 애잔하다.

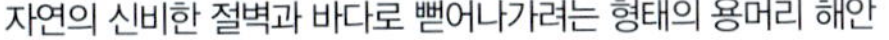

하늘로 승천하지 못한 억울한 사연의 용두암

자연의 신비한 절벽과 바다로 뻗어나가려는 형태의 용머리 해안

Vietnam

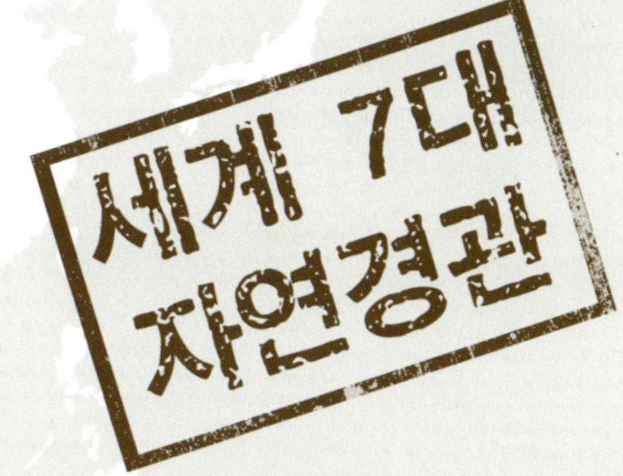

하롱 베이(Ha Long Bay)

하롱 베이의 해넘이는 다른 곳의 해넘이와는 달랐다.
해가 산으로 사라지는 것이 아니라 수없이 떠 있는 섬 사이로 사라지는
것. 노을빛 역시 파스텔 색조 만큼이나 아름답다.
그 노을에 물든 섬과 바다가 잔잔한 파도 속에서 더욱 선명하게 비춰지
고 있었다.

바다 위의 계림이라고 불리는 하롱 베이. 중국의 계림이 강을 따라 양쪽으로 기기묘묘하게 늘어선 산이라면, 하롱 베이는 그 기기묘묘한 산들을 바다에 옮겨 놓은 것 같다고 해서 붙여진 이름이다.

하롱 베이는 베트남의 수도 하노이에서 동쪽으로 170km 떨어진 하롱시에 펼쳐져 있는 아름다운 바다를 말한다. 약 1,600km²의 호수처럼 잔잔한 바다에 점점이 흩어진 2,000여 개의 크고 작은 섬과 기암괴석이 수채화처럼 펼쳐져 있는 곳이다.

하롱(下龍)이란 '용이 내려온다'는 뜻이고 베이는 '만'을 말하므로 하롱 베이는 '용이 내려온 만'이라고 할 수도 있다. 전설에 의하면 용이 바다로 내려와 해안을 달리면서 용의 꼬리가 휘젓는 탓에 계곡과 협곡이 파여 현재의 풍경이 만들어졌다는 이야기가 있다. 그리고 용이 바다로 뛰어들자 꼬리로 파낸 곳이 바닷물로 채워지면서 하롱 베이의 높은 지대만 보이게 됐다는 전설이 있다. 용이 내려온 만의 모습은 어떤 모습일까? 바다 위에 떠 있는 기암괴석들의 향연을 기대하며 하롱 베이를 찾았다.

수채화 같은 바다 위의 계림 하롱 베이

🚩 하롱 베이 여행의 거점 도시는 하노이

하노이에 도착해서 느낀 첫인상은 '아시아의 파리' 같다는 것이었다. 1000년 동안 베트남의 수도로 자리하면서 지켜온 유서 깊은 사원과 건축물이 19세기 프랑스 지배 당시의 건물들과 어우러지면서 독특한 분위기를 자아내고 있었다. 과거와 현대가 공존하면서 파리의 우아함과 아시아의 속도감이 조화를 이루고 있다고 할까?

하노이가 더욱 특별해 보이는 까닭은 전통의 모습을 보이면서 빠른 속도감으로 진화를 하고 있기 때문이다. '날아오르는 용'의 전설을 지니고 있다는 점에서 '탕롱'이라 불리던 하노이의 진정한 매력은 오토바이를 타고 도시 이곳저곳을 휘젓고 다니는 하노이인들에게서 나오는 열기가 아닐까 싶었다. 빨리 하롱 베이를 보고 싶다는 마음에 하노이에서 하롱 베이로 떠나는 버스에 올랐다.

🚩 하롱 베이의 하이라이트 크루즈 여행

하롱 베이 여행의 하이라이트라 불리는 크루즈 여행을 하기로 하였다. 하롱 베이는 듣던 대로 수많은 산이 내려와 바다 위에 섬나라를 만든 곳이었다. 마치 하늘 아래 내가 최고라는 듯 솟구쳐 있는 엄지 형태의 바위, 싸움닭 형태의 바위, 개바위 등 기암괴석들이 수많은 산맥처럼 계속 이어져 있다. 바다 위의 계림이라는 말에 저절로 고개가 끄덕여졌다.

3층으로 단장한 멋진 유람선은 하롱 베이의 주인이라도 된 듯 멋진 자태를 뽐내며 유유히 유람하고 있었다. 유람선 꽁무니에는 10명이 탈 수 있는 자그마한 새끼배가 있었는데, 섬이나 동굴 가까이에 정박을 해야 할 때는 그 배로 옮겨 타야 했다.

유람선상 벤치에 누워 하롱 베이의 하늘을 바라봤다. 흔들림 없이 잔잔한 배 위에 누워 있자니 바다와 하늘이 맞닿은 저곳이 진정한 유토피아다 싶었다. 그곳 유토피아로 한없이 가고만 싶었다.

섬 사이로 사라지는 하롱 베이의 해넘이

하롱 베이의 섬 가운데는 동굴이 있는 섬도 있다. 그 가운데 항띠엔꿍 동굴은 하롱 베이에서 가장 아름다운 동굴로 꼽힌다. 배에서 내려 약 50m 정도 올라가자 항띠엔꿍 동굴이 나왔다. 종유석과 터널이 숨겨져 있는 이 동굴은 내부를 비추는 조명과 함께 멋진 분위기를 연출하고 있었다. 천장을 받치고 있는 듯한 4개의 종유석이 신비스러워 보였다.

동굴 밖으로 나오자 전혀 다른 하롱 베이의 모습이 펼쳐진다. 산중턱에서 바라보니 마치 우리나라의 다도해처럼 섬들이 흩어져 있는 것처럼 보였다. 섬과 섬 사이를 떠다니는 카약과 돛을 활짝 편 목선들이 바다 위로 솟아오른 섬 사이를 유유하게 떠다니고 있다.

저 멀리서 하롱 베이의 해넘이가 시작되고 있었다. 하롱 베이의 해넘이는 다른 곳의 해넘이와는 달랐다. 해가 산으로 사라지는 것이 아니라 수없이 떠 있는 섬 사이로 사라지는 것 같았다. 여객선 3층에서 바라보니 노을빛 역시 파스텔 색조 만큼이나 엷다. 그 노을에 물든 섬과 바다가 잔잔한 파도 속에서 더욱 선명하게 비춰지고 있었다.

섬과 섬 사이에서 고기 잡는 고깃배와 그에 묶여 줄줄 따라다니는 새끼배 같은 모습이 하롱 베이 바다의 노을빛 향연에 초대된 손

님 같다. 오래도록 노을빛을 잡아두고 싶지만 살랑살랑 불어오는 바닷바람에 밀려 노을빛은 서서히 사라져갔다.

하롱 베이 선상에서의 하룻밤

하롱 베이를 여행하는 방법은 여러 가지다. 당일치기로 다녀올 수도 있고, 1박 2일이나 2박 3일을 선택해도 된다. 개인적으로는 1박 2일이나 2박 3일 등 하롱 베이에서 하룻밤을 지내보기를 권하고 싶다. 하롱 베이 선상에서의 하룻밤은 잊을 수 없는 추억이 되기 때문이다.

해넘이가 지나자 여행객들을 태운 3층짜리 여객선이 바다 위 잠잘 자리에 정박을 하고 분주해졌다. 몇몇의 여행객들은 배 위에서 뛰어내려 수영을 하거나 담소를 즐겼다. 해가 지면서 깜깜해진 바다 위, 바다 위에 비치는 목선의 불빛들, 들리는 소리는 바다 물결소리뿐인 밤의 향연에 초대된 손님들인 것만 같다.

해산물로 차려진 저녁식사와 맥주파티는 밤의 향연을 더욱 풍성하게 하였다. 깜깜한 바다 위 저편에 정박한 여객선들의 움직임을 바라보면서 즐기는 저녁은 무릉도원이 바로 이곳임을 느끼게 하였다. 식사의 흥겨운 분위기는 식사 후의 자리에까지 이어졌다. 영어, 한국어, 일본어, 중국어, 베트남어 등 각 나라의 노래가 구비된 노래방 시설이 있어 즉석에서 페스티벌이 열리기도 하였다. 은근히 자국의 노래를 자랑하는 경연장이 된다. 흥겨워진 분위기에 배 안의 스테이지에 나와서 춤을 추며 서로가 격의 없는 사이가 되었다. 시간이 갈수록 열기가 더해지며 세계인들은 하롱 베이에서 친구가 되어가고 있었다.

자연을 존중하자는 깟바 섬 트레킹

다음 날 아침, 이방인을 태운 배가 하롱 베이에서 가장 큰 섬인 깟바 섬*에 들어갔다. 배가 깟바 섬의 북쪽에 있는 선착장에 도착하였다. 깟바 섬 북쪽 선착장에서 섬을 가로지르자 국립공원안내소가 나왔다. 이 길은 깟바 섬의 숲 속을 트레킹하며 정상에 오르는 길이다. 산 정상의 응우람 피크(해발 225m)까지는 한 시간 정도 소요되므로 왕복 2시간 정도면 가능하다고 하였다.

산 정상으로 향하는 길은 열대 밀림 속의 모습이었다. 열대 밀림답게 아침 일찍 트레킹을 하면 사슴, 고슴도치, 원숭이들과 만날 확률이 높다고 했다. 이방인을 안내해준 국립공원의 현지 가이드는 다람쥐처럼 날쌘 여인이었다. 마음씀씀

*깟바 섬
국립공원으로 지정되어 있는 깟바 섬(Catba island)의 면적은 350km²이다. 열대 숲, 협곡, 오지마을 등 다양한 체험을 할 수 있는 이곳에서는 희귀식물과 동물들을 만날 수 있다. 미로처럼 얽혀 있는 깟바 섬 정상에는 트레일도 있다.

밤의 향연을 만끽할 수 있는 선상에서의 하룻밤

이까지 착해서 이방인이 땀을 흘리면 부채질을 해주었다. 게다가 배낭도 대신 짊어지겠다고 하였다.

가파른 숲 속의 계단을 지나자 두 갈래 길이 나왔다. 양쪽 어느 길을 택해도 정상이 나온다고 하였다. 어느 길을 택할까 하다가 경사가 조금 졌지만, 지름길을 택했다. 그리 높은 산이 아니었지만, 몇 군데는 심하게 경사가 진 곳도 있었다. 암벽을 지나야 하는 산행은 만만치 않았다.

깟바 섬 트레킹은 가는 길이 험한 것보다는 열대지방의 무더운 날씨가 문제였다. 쉽게 숨이 차올랐지만 멈추지 않고 걸었다.

가쁜 숨을 쉬며 닿은 정상, 깟바 섬의 열대숲 풍경이 파노라마처럼 펼쳐져 있다. 전망대에 올라서자 시원한 바람이 불어왔다. 정상에는 과거 북베트남군이 적군의 비행기를 감시하던 낡은 전망대가 있었다. 산 아래 계곡에 숨어 있는 성냥갑만한 집들이 앙증스럽게 보인다.

내려오는 길은 올랐던 길과는 다른 코스를 택했다. 밀림 숲 속 트레킹이었다. 그때 문득 눈에 들어오는 간판에는 '자연을 존중하라(respect the nature)'라고 쓰여 있었다. 우리나라의 경우 자연을 보호하고 사랑하자고 하는데, 하롱 베이의 깟바 섬에서는 '자연을 존중하자'라고 하니, 우리보다 자연을 더 우러러보는 베트남 사람들의 관점이 읽혀졌다.

▶ 하롱 베이에는 노랑머리 원숭이가 살고 있다

노랑머리 원숭이가 살고 있다는 몽키 아일랜드(Monkey island)로 자리를 옮기기 위해 깟바 섬 다운타운에서 멀지 않은 선착장으로 향했다. 그 선착장은 물고기촌을 형성하고 있는 곳이었다. 많은 배들이 물 위에 정박하여 고기를 팔며 생활을 하고 있었다. 이동을 하지 않는 고깃배들이었지만, 그 배는 그들에게 삶의 보금자리이자 터전이었다.

깟바 섬 선착장에서 몽키 아일랜드까지는 배로 20~30분 거리. 몽키 섬에 다다르자 하얀 백사장이 이방인을 반겨주는 것처럼 보였다. 섬에서 내려 숲 속으로 들어가니 열 마리 가량의 노랑머리 원숭이들이 모여 들었다.

사람들에게 거부감 없이 달려드는 것을 보니 노랑머리 원숭이들이 그동안 여행객에게 많은 음식을 얻어 먹은 듯하였다. 손에다 먹이를 주면 쏜살같이 와서 채간다. 그런데 손에 들고 있던 맥주캔까지 채가는 것이 아닌가! 맥주를 마신 후 취하면 어떡하나 걱정이 되는 것도 잠시, 땅콩을 달라고 입을 벌리는 것을 보니 저 원숭이가 맥주맛을 아는 듯싶었다.

그뿐만이 아니었다. 의자에 앉아 주스를 마시고 있는데, 원숭이가 주스병을 낚아채 쏜살같이 도망을 가는 것이 아닌가. 순간 얄밉기도 했지만, 이름처럼 몽키 섬의 주인은 노랑머리 원숭이였다.

몽키 아일랜드의 숨은 비경

몽키 섬 해변을 따라서 걷다보면 산으로 트레킹을 할 수 있는 오솔길이 있다. 바위로 된 계단을 오르면서 혹시 산속에서도 노랑머리 원숭이가 나타나는 건 아닐지 궁금해졌다. 10분 정도 올랐을까? 자그마한 능선이 나왔다. 능선에서 바라보는 해안선과 바위 절경은 또 다른 모습을 보여주고 있었다. 한쪽으로는 아름다운 몽키 섬 해안이 보였고, 반대편에서는 기암괴석으로 이뤄진 아름다운 해안선이 보였다. 아름다운 모습을 보고 있자니 이곳까지 올라온 보람이 생겼다. 산 능선을 두고 아름다운 양쪽 해안을 보는 경험은 그리 쉽게 얻는 일이 아니기 때문이다.

다시 정상쪽으로 올랐다. 어둡고 깊은 숲으로 이루어진 동굴이 나타나고 그 숲을 지나자 가파른 길이 나타났다. 바위를 잡고 오르는 산악등반 같았다. 산 정상에 가까울수록 양쪽 해안이 선명하게 보여 그림처럼 아름다웠다.

나무 덩굴과 깊은 숲, 큰 바위를 뚫고 전진하니 정상 부근에서 큰 바위가 앞을

몽키 아일랜드에서 바라본 하롱 베이

가로막았다. 더 오르는 것은 의미가 없을 것 같다. 하롱 베이의 아름다운 절경과

이곳 몽키 섬 정상에서 바라보는 해안선의 모습은 하롱 베이의 또 다른 면을 보여

주고 있었기 때문이다.

Indonesia

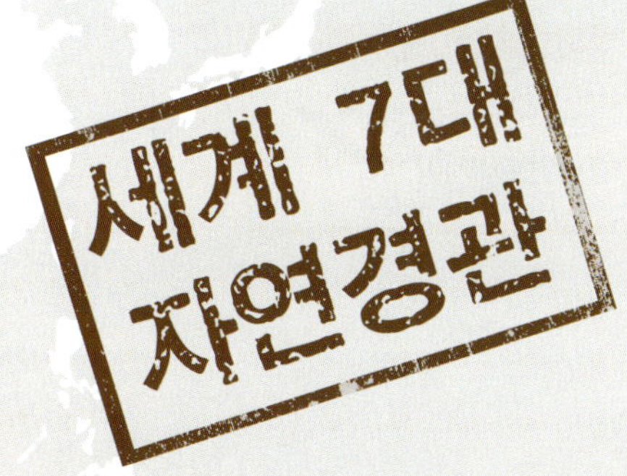

코모도국립공원(Komodo National park)

곰이 앞발을 들고 서서 다니듯 사람보다 훨씬 큰 왕도마뱀이 앞발을 든 채 쏜살같이 지나갔다. 1억 년 전 '작은 공룡'이 아직 살아 있는 코모도 숲은 마치 주라기 공원에 와 있는 것처럼 등골이 오싹했다.

약 1억 년 전 지구상에 출현한 것으로 추정되는 '작은 공룡'이 지금 우리와 동시대를 살아가고 있다는 사실을 아는가. 몸집이 3m나 되는 그 공룡은 양이나 사슴 등을 잡아먹은 자리에 아무것도 남기지 않는다고 한다. 식성이 무척이나 좋아서 뼈까지 다 먹어치우기 때문이다. 영화 〈주라기공원〉에서 나오는 공룡의 울음소리도 바로 이 녀석의 울음소리를 녹음하여 재현한 것이라고 한다.

'살아 있는 용' 혹은 '코모도 용'이라고도 불리는 이 무시무시한 녀석은 '산이 춤을 추고, 땅이 꿈틀거리는' 섬나라 인도네시아에 살고 있다.

환태평양의 화산지대에 위치한 섬나라

한국인들이 사람을 만나면 으레 하는 인사가 '식사했어요?'라고 한다면 인도네시아에서는 특이하게도 '목욕했어요?' 하고 인사를 한다. 인도네시아는 적도 주위에 펼쳐진 약 18,000여 개의 섬으로 이루어진 나라. 열대의 더위로 인해 하루 두세 번씩 목욕을 해야 하는 환경이 이 같은 인사말을 만들어낸 것으로 보인다.

　'인도네시아(Indonesia)'라는 국명은 그리스어로 인도인을 뜻하는 인도(indo)와 섬들을 가리키는 네소스(nesos), 이 두 단어가 합쳐져 19세기 중엽 완성된 것이다. 불의 고리인 환태평양의 화산지대에 놓여 있어서 화산 분출이 빈번하고 지진 또한 자주 일어나 '산이 춤을 추고, 땅이 꿈틀거리는' 나라이기도 하다. 하지만 자연은 인간의 힘으로는 어찌할 수 없는 대재난을 일으키기도 하지만 삶을 풍요롭게 하는 이로움을 선사해주기도 했다. 인도네시아의 화산 활동은 온천 등 뛰어난 관광자원을 형성해 세계인의 발길을 이곳으로 향하게 하고 있다.

　특히나 '신들의 섬'으로 불리는 발리는 세계적인 휴양지로 전 세계인들에게 많은 사랑을 받고 있다. 살아 있는 공룡을 만나기 위해서는 발리에서 약 1시간 반 가량 비행기를 타고 플로레스 섬에 도착해 거기서 다시 배를 타야만 한다.

코모도 섬의 나무 선착장

신들의 섬, 발리

발리가 '신들의 섬'으로 불리는 데는 그만한 이유가 있다. 이슬람화된 인도네시아 중에서도 아직 힌두 문화의 전통이 남아 있는 발리는 인구의 약 90%가 힌두교를 믿으며 섬 곳곳에 약 20,000여 개의 힌두교 사원이 있다. 대표적인 사원은 해안 절벽 위에 자리 잡은 울루와투사원. 이곳에는 야생원숭이가 많아서 방문객의 모자나 안경 등을 낚아채는 해프닝이 일어나기도 한다.

노을이 질 무렵이면 아름다운 꾸따 해변에서 일몰을 감상하고 전통무용을 즐길 수 있는 곳. '지상의 낙원'이라는 수식어가 아깝지 않은 섬 발리에서 휴식을 취한 뒤 살아 있는 공룡을 찾아 코모도 섬으로 향했다.

태고의 생태계를 품다

코모도국립공원*은 코모도 섬과 린카 섬 및 파다르 섬 등 세 개의 거대 섬들뿐만 아니라 수많은 작은 섬들을 포함하고 있는데 이는 화산폭발로 생성된 것이라고 한다. 코모도 섬을 포함한 소(小)순다 열도는 빠른 해류가 흐르는 한가운데에 위치해 오랜 동안 주변의 육지로부터 격리되었고, 이로 인해 주변 생태계의 영향을 받는 일이 거의 없었다. 코모도 왕도마뱀을 비롯해서 태고의 생태계가 그대로 남아 있는 것도 바로 이 때문이다.

살아 있는 공룡을 보기 위해 주로 방문하는 섬은 코모도 섬과 린카 섬인데, 코모도 섬은 라부한바죠 항에서 배로 약 4시간, 린카 섬은 2시간 정도 소요되기 때문에 시간이 부족하거나 멀미 등 어려움이 있을 경우에는 린카 섬을 방문하면 된다. 라부한바죠는 플로레스 섬의 북쪽에 위치한 작고 아름다운 항구도시로 코모도 섬으로 들어가는 배의 출발 기항지이다.

*코모도국립공원
발리 섬 동쪽 소순다 열도의 코모도 섬, 린카 섬 등과 주변의 산호초 해역으로 이루어진 전체 면적 2,200㎢의 자연공원이다. 1980년 국립공원으로 지정되었고, 1991년 유네스코 세계유산 가운데 자연공원으로 등록되었다.

작은 통통배를 타고 인도양을 건너 코모도 섬으로 향했다.

바닷길은 매우 잔잔해서 마치 호수 위를 달리는 것 같았다. 우리나라의 다도해처럼 많은 섬들이 옹기종기 모여 있어 바닷물이 잔잔했다. 배는 천천히 움직였지만 엔진소리가 물속의 생명체들에게는 꽤 크게 들리는지 날치가 놀란 듯 이리저리 뛰면서 아는 체를 했다. 어떤 녀석은 깡충깡충 뛰면서 날아다녔는데 그 모습이 마치 물수제비 뜨는 듯하다.

작은 배라곤 하지만 10여 명은 탈 수 있는 배에 여행객이라곤 달랑 나 혼자뿐. 선장과 조수, 그리고 현지인 가이드와 나, 이렇게 4명의 인원이 전부였다. 비수기여서 그런지 여행객이 모이지 않았기 때문이다. 단 1명의 여행객을 위해서 배 한 척과 3명의 스태프가 왕복 10시간 남짓 걸리는 먼 바닷길에 나선 것이니 괜히 미안한 마음도 들었다.

선상에서 혼자 누워 있기도 하고 시원한 바람을 맞기도 하면서 주변의 수많은 섬들을 조망하니 그렇게 심심하지는 않았다. 몇 달 전 에콰도르 갈라파고스 이사벨라 섬에 여행할 때도 외롭게 태평양의 험한 파도와 싸웠는데 그에 비해 이곳 바다는 너무도 얌전하고 고요했다.

배는 4시간을 달려 코모도 섬에 도착했다. 멀리서 보니 코모도 섬 위에 뭉게구름이 피어오르는 모습이 마치 공룡들이 하품을 쏟아내는 듯 재미있다. 마을이 보였는데 배는 그쪽으로는 가지 않는다고 했다. 그곳에는 코모도 왕도마뱀이 없어서라고…… 공용과 인간이 공존하는 섬, 그곳에는 보이지 않는 경계선이 있는 듯했다.

코모도 섬으로 들어가는 배의 출발 기항지 라부한바죠의 아름다운 항구

현존하는 가장 크고 사나운 왕도마뱀

1911년 인도네시아 자바 섬의 보고르식물원에 근무하던 반 스테인은 인도네시아 동쪽 코모도 섬을 여행하다 소스라치게 놀랐다고 한다. 거대한 도마뱀 무리가 멧돼지를 통째로 집어삼키고 자기 몸집보다 훨씬 큰 물소도 떼를 지어 해치우는 것을 목격했던 것이다. 반 스테인은 이 도마뱀을 '코모도 용(Komodo dragon)'이라 불렀다.

코모도 왕도마뱀은 현존하는 도마뱀 가운데 가장 크고 사나운 녀석이다. 성장한 수컷의 몸길이는 3m이고 몸무게는 100kg이 넘는 거대한 체구를 가졌다. 약 1억 년 전 지구상에 나타난 것으로 추정되며 호주의 화석층에서 발견이 되었다. 유독 이곳에서만 코모도 왕도마뱀이 지금껏 살아남을 수 있었던 것은 사자나 호랑이와 같은 맹수들이 바다를 건너지 못한 덕택이라고 한다.

갑옷처럼 두꺼운 피부와 매서운 눈, 기다란 꼬리와 둘로 갈라진 혓바닥, 그리고 어슬렁거리면서 기어다니는 네 다리를 지닌 코모도 왕도마뱀은 사람까지도 위협하는 무서운 존재다. 배가 고프면 사람에게도 달려들기 때문에 소리를 지르거나 가까이 접근하지 않는 것이 좋다. 식욕이 왕성해서 아침에는 특히 조심해야 한다.

녀석은 주로 야생사슴이나 멧돼지, 말, 물소 등을 잡아먹는데 자기 새끼도 종종 잡아먹기 때문에 새끼는 나무 위에서 생활한다. 코모도 왕도마뱀이 가만히 엎드려 있으니 안전할 것이라고 생각하면 큰일 날 수가 있다. 가만히 엎드려 먹잇감이 다가오길 기다렸다가 갑자기 덮쳐 배를 할퀴어 내장까지 파먹는다고 한다.

이 녀석이 지닌 가장 결정적인 무기는 바로 침이다. 질질 흘리는 침 속에는 박테리아가 있어서 자칫 물리기라도 하면 패혈증으

세상에서 가장 크고 사나운 코모도 왕도마뱀

로 빠른 시간 내에 죽는다고 한다. 그래서 1m 이내로 접근하는 것은 굉장히 위험한 일이다.

'살아 있는 공룡'과의 만남

코모도 섬에서의 트레킹은 안내인이 반드시 필요하다. 코모도 왕도마뱀이 갑자기 출현하면 굉장히 위험하기 때문이다. 안내인과 현지인 가이드가 출발할 준비를 하면서 긴 막대기 하나씩을 손에 들었다. 코모도 왕도마뱀이 갑자기 달려들 때 방어하기 위한 일종의 무기라고 한다. 트레킹 코스는 약 1.5km, 시간으로는 1시간 반 정도가 소요된다. 나는 카메라를 메고 잔뜩 긴장을 한 채 밀림 속을 따라나섰다.

조그마한 오솔길을 따라가는데 앞뒤에서 나를 호위하듯 트레킹 안내인이 앞장을 서고 뒤에서는 가이드가 따라왔다. 밀림 속에서 가장 먼저 만난 것은 나무 위를 옮겨 다니는 작은 초록뱀, 뒤 이어 사슴 한 마리가 나타났다. 사슴과 멧돼지는 코모도 왕도마뱀이 주로 사냥하는 먹잇감이라는 말이 문득 떠올랐다.

코모도의 숲은 열대우림으로 10여 미터나 되는 팜트리가 많았는데 계속되던 숲이 끝나고 갑자기 꽤 넓은 개활지가 나타났다. 선두에서 가던 트레킹 안내인이 '쉿' 하면서 조용히 하라는 신호를 보냈다. 커다란 코모도 왕도마뱀을 발견한 것이다. 길이는 2.5m, 무게는 90kg 정도 돼 보이는 녀석이 잠을 자는지 미동도 없이 가만히 누워 있었다. 사진기 셔터를 계속 눌러대도 움직이지 않던 녀석은 다 찍고 가려는 찰나 부스럭거리면서 움직이기 시작했다. 고개를 든 녀석의 얼굴. 얼른 사

진기를 들어 셔터를 누르면서도 긴장 탓인지 몸이 뻣뻣해지는 것만 같았다. 녀석에게 물렸을 경우 2시간 안에 응급조치를 못하면 죽는다는 말이 떠올랐다.

다시 길을 걸었다. 이번에는 길 건너편으로 한 마리가 보이는데 아까보다 훨씬 커다란 녀석이었다. 곰이 앞발을 들고 서서 다니듯 사람보다 훨씬 큰 도마뱀이 앞발을 든 채 쏜살같이 지나갔다.

1억 년 전 '작은 공룡'이 아직 살아 있는 코모도 숲은 마치 주라기공원에라도 와 있는 것처럼 등골이 오싹했다.

커다란 코모도 용을 만난 여운이 채 가시기도 전, 눈앞에 파란 바다가 나타났다. 작은 천(川)을 가로지르는 나무다리가 주변과 조화를 이루어 한 폭의 그림과도 같은 풍광을 만들고 있었다. 그리고 일직선으로 쭉 늘어선 선물가게들. 수십 개의 좌판이 있지만 거의가 비어 있었고 5~6군데에만 상품들이 놓여 있었다. 그나마 손님이라곤 나 혼자뿐. 한 바퀴 돌아보고 나서 기념으로 코모도 용 모형 한 개를 구입했다.

몇 채의 집이 보이는데 레스토랑이란다. 손님이 없어 휑한 레스토랑 주위로 작은 코모도 왕도마뱀 몇 마리가 보였다. 그때 한 마리가 네 발로 재빠르게 숲 속으로 도망을 가고 그곳에 보이는 거대한 공룡 한 마리. 길이는 약 3m, 무게는 족히 100kg은 되어 보였다. 레스토랑 건물 난간에는 몇 개의 막대기가 비치되어 만일의 사태에 대비하고 있었다.

코모도 왕도마뱀은 사람들이 건드리지 않는 걸 알고서 레스토랑 인근까지 찾아와 어슬렁거리는 모양이지만 사람들은 녀석들에게 먹이를 주지는 않는다고 한다. 사람들이 먹이를 주는 순간, 녀석들은 야성을 잃고 인간에게 의지해 운동도 하지 않아 결국 수명이 짧아지기 때문이다.

녀석들이 포위한 레스토랑에서 식사를 하고 싶었는데 배 안에서 이미 식사를 준비했단다. 트레킹하는 동안 선장과 조수가 식사를 준비한 모양이다. 돼지고기 요리와 두부, 채소무침, 레몬주스, 그리고 볶음밥까지 푸짐하게 준비가 되어 있었다.

식사를 시작할 무렵 배는 코모도를 떠나고 있었다. 1억 년 전 지구에 출현했다는 '살아 있는 공룡'. 그 거대한 생명체를 질기게 지켜낸 자연의 속내는 과연 무엇일까. 그것을 과연 우리가 짐작이나 할 수 있을까. 배는 대자연이 지켜낸 그 놀라운 세상을 뒤로하고 또다시 어딘가로 향하고 있었다.

Philippines

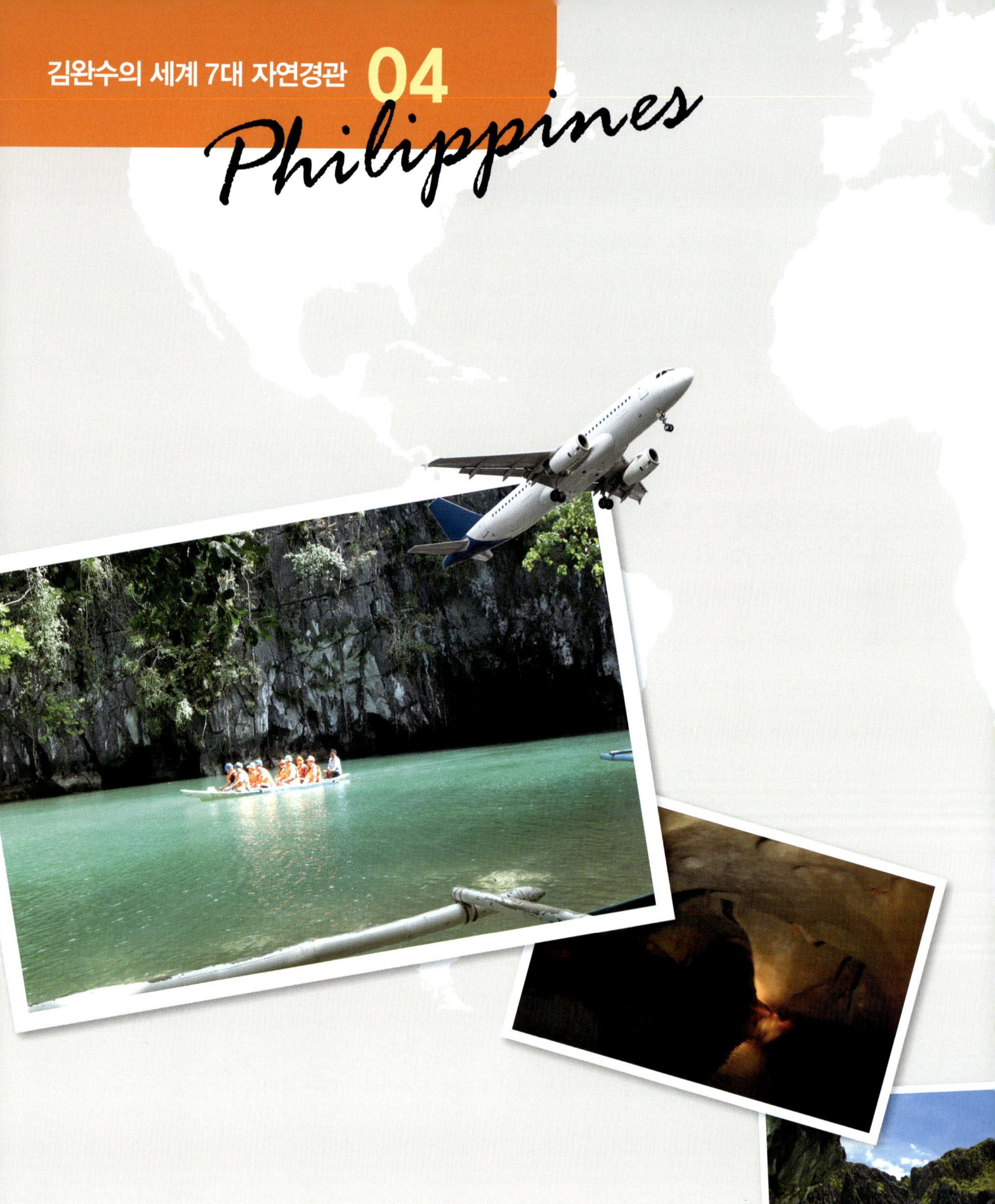

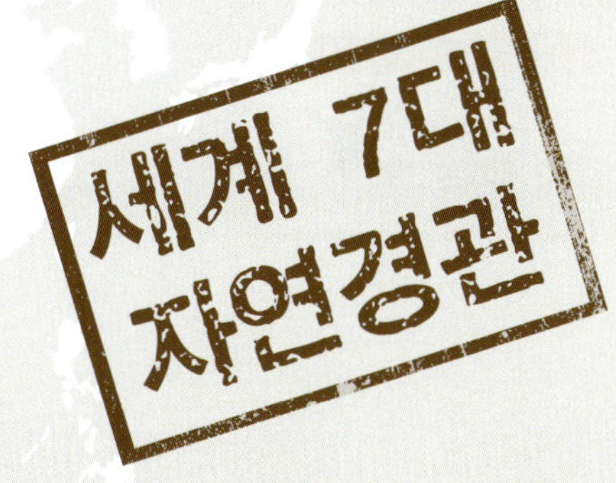

푸에르토 프린세사 지하 강
(Puerto Princesa subterranean river)

어둡고 긴 동굴 속을 조용한 몸짓으로 인내하듯 흐른 지하 강은 결국 바다로 나가 찬란한 햇살에 몸을 드러냈다.
바닷물과 민물이 한데 섞인 푸른 강물. 어둠 속에서 한층 오묘하게 빛나는 그 강물에 손을 넣어보니 생각보다 차갑지 않았다.

필리피노들의 얼굴에는 하루 종일 함박웃음 꽃이 핀다. 쓰러질 듯한 판잣집에서 허름한 옷을 걸치고 살아가면서도 뭐가 그리 즐거운지 마냥 웃는 얼굴이다. 그들보다 잘 사는 나라에서 건너온 이방인의 눈에 그 웃음은 퍽이나 이채로운 풍경이 아닐 수 없다.

많은 섬으로 이루어진 나라, 필리핀. 아시아에서는 유일하게 가톨릭을 국교로 삼고 있고 지리적으로나 문화적으로나 이웃 국가들과는 사뭇 다른 면모를 지니고 있다. 필리피노들의 환한 얼굴은 오랜 역사적, 종교적 배경 속에서 자연스레 형성된 그들만의 사고방식 때문이다. 그들은 어려운 문제에 맞닥뜨리거나 중요한 선택을 해야 하는 순간마다 '바할라 나(bahala na)'를 외친다. 이 말은 '신의 뜻대로 돼라', '될 대로 돼라'는 뜻. 이처럼 낙천적인 국민성 때문에 '필리핀에서 불평불만을 달고 사는 사람은 오직 외국인뿐'이라는 이야기가 나올 정도다.

7,000여 개에 달하는 필리핀의 섬들 가운데 '필리핀 최후의 비경'이라 불리는 보물과도 같은 섬이 있으니 바로 팔라완 섬*이다. 다이빙과 스노클링의 천국이고, 다양하고 희귀한 해양생물이 가득한 생태계의 보고이며, 원시 자연 그대로

•팔라완 섬

팔라완 섬(Palawan I.)은 필리핀제도 남서쪽, 남중국해와 술루해 사이에 있는 섬으로, 주도(主都)는 푸에르토 프린세사이다. 섬 모양이 마치 오이처럼 좁고 기다랗게 생겼는데, 사람의 손이 닿지 않은 아름다운 해변과 원시림, 원시 시대의 동굴 등 수많은 절경들이 가득하다.

의 매력을 간직한 곳이다. 그곳의 주도인 푸에르토 프린세사에는 원시림을 그대로 간직한 산이 있는데, 산 아래 동굴 바닥에는 8.2km의 지하 강•이 유유히 흐르고 있다.

길고 긴 시간 동안 산의 내부를 용식시켜 만들어낸 물의 작품. 약 2000만 년 전에 만들어졌다는 동굴과 기괴한 모양의 종유석, 그리고 무엇보다 기나긴 어둠 속을 묵묵히 흐르고 있을 세계 최장의 지하 강을 눈으로 직접 확인하기 위해 팔라완 섬으로 향했다.

푸에르토 프린세사의 명물, 수상가옥

팔라완 섬에 가려면 필리핀의 수도 마닐라에서 국내선 비행기를 타고 약 1시간 20분 정도를 가야 한다. 팔라완 섬의 중앙에 위치한 푸에르토 프린세사는 상당히 큰 도시임에도 분위기가 조용하고 왠지 포근함이 느껴졌다.

지하 강은 이곳에서 북서쪽으로 약 80km 떨어진, 바다와 강이 만나는 지점에 있다. 지하 강을 만나러 가기 전에 푸에르토 프린세사의 명물이라는 수상(水上)가옥을 먼저 둘러보기로 했다.

수상가옥이 있는 인근 지역은 미군과 일본군이 격전을 벌였던 곳으로 전쟁기념탑이 세워져 있었다. 수상가옥들은 100m 가량 양쪽으로 쭉 늘어서 있는데 가운데에 폭이 1m쯤 되어 보이는 나무 널빤지가 있어서 도로 역할을 했다. 출렁이는 바닷물 위를 오직 좁은 널빤지에 의지해서 걸어가자니 발걸음이 조심스러워졌다.

필리피노들의 삶을 느끼며 수상가옥들 사이를 걷다 보니 어느새 바다와 배가 보이는 끄트머리에 도착했다. 시원한 바닷바람이 불어오는 가운데 신나게 놀고

있는 10여 명의 아이들이 보였다. 3~4세 정도로밖에 안 보이는 아이부터 열 살이 넘어 보이는 아이까지 너 나 할 것 없이 깊은 바닷물에 풍덩풍덩 뛰어들면서 물놀이를 하고 있었다.

사람은 환경의 지배를 받는다 했던가. 특히 3~4세 된 어린아이가 바다를 향해 다이빙하는 모습은 무척이나 위험하고 애처로워 보였다. 하지만 그들에게 이곳은 세상에 단 하나밖에 없는 별천지일는지도 모를 일이다.

수상가게에서 구입한 과자를 아이들에게 나누어주니 모두들 달려들어 서로 달라고 손을 내민다. 티 없이 맑은 눈망울들. 부모들은 걱정이 없는지 보이지 않았고, 아이들은 그 깊은 바다 속에서 오늘도 그들만의 놀이터를 만들고 있었다.

금강산을 지하 강 동굴 안에 옮겨놓은 듯하다

차로 2시간쯤 포장도로와 비포장도로를 번갈아 타고 가니 어느덧 지하 강이 있는 사방비치에 도착을 했다. 비포장도로 길목 양쪽으로는 필리핀의 전형적인 시골 경치가 펼쳐지고, 오르막길에는 전망대가 있어 멋진 해안을 조망할 수 있으니 가는 길이 결코 지루하지 않았다.

사방비치에 도착하면 관리사무소에서 입장료를 지불하고 별도의 뱃삯을 내야 한다. 작은 배 1척에 탈 수 있는 인원은 5~6명. 배 1척당 정해진 가격을 인원수로 나누어 받으므로 여러 명이 탈수록 가격이 저렴해진다.

파란 바닷물에 작고 예쁘장한 배가 옹기종기 모여 앉은 모습이 사방비치와 어울려 마치 한 폭의 그림과도 같았다. 여기서 배를 타고 20여 분 가면 지하 강으로 들어가는 입구에 다다른다. 오랜 기다림 만큼 설렘도 눈덩이처럼 불어나 자꾸만 가슴을 요동치게 했다.

　사방비치 연안을 수놓은 기암괴석들이 이방인을 반기더니 드디어 작고 아늑한 해변에 다다랐다. 배에서 내려 얼마동안 숲 속을 걸으니 몇 척의 보트가 보이고 그 앞에 푸른 바다와 함께 지하 강 입구가 나타났다. 지하 강 입구는 환초로 둘러싸인 바다로 매우 아름다웠는데 이곳에 매우 다양한 어종이 살고 있다.

　세인트 폴 산 끝자락에 나 있는 동굴 입구로 보트를 타고 들어가는 색다른 탐험이 드디어 시작되었다. 안타깝게도 여행자가 보트를 타고 들어갈 수 있는 거리는 약 2km. 하지만 안으로 들어서자 생각과는 달리 상당히 웅장한 동굴의 규모에 두 눈이 휘둥그레졌다. 동굴은 천정이 높고 내부가 꽤 넓어서 전체를 파악하기가 쉽지 않았는데, 폭이 10~15m에 물의 깊이는 약 5m 정도이고, 동굴 높이는 낮게는 수 미터에서 최대 65m에 이르는 곳도 있다고 하니 정말 어마어마한 규모가 아닐 수 없었다.

　보트의 앞쪽에서는 현지 안내인이 랜턴을 들어 중요한 지점을 비춰주고, 또 뒤에서는 현지 안내인 2명이 노를 저으면서 설명을 해주었다. 내 눈에 비친 것

환초로 둘러싸인 지하 강 입구

은 종유석이 주렁주렁 매어달린 여느 동굴의 모습이 아니었다. 거대한 기암괴석이 높다랗게 솟아 있고, 다양한 형상을 한 석회암 동굴과 대리석 절벽이 그야말로 장관을 이루고 있었다. 거기다 기묘한 모양을 한 종유석과 지하광장까지……마치 금강산을 동굴 속에 옮겨다놓은 듯 빼어난 절경에 감탄이 절로 나왔다.

어느 곳에는 꽤 긴 거리가 사각형 모양의 직선으로 이어져 있어서 동굴 속에 일부러 고속도로를 내어놓은 듯 보이기도 했다. 천장에 다닥다닥 붙은 박쥐떼들은 랜턴을 비춰도 쉬이 움직이지 않았다. 몇 마리는 특유의 '괴약~' 소리를 내면서 이리저리 동굴 속을 날아다녔는데 우리 보트를 쫓는 건 아닌지 살짝 걱정스럽기도 했다.

어둡고 긴 동굴 속을 조용한 몸짓으로 인내하듯 흐른 지하 강은 결국 바다로 나가 찬란한 햇살에 몸을 드러낸다고 한다. 바닷물과 민물이 한데 섞인 푸른 강물. 어둠 속에서 한층 오묘하게 빛나는 그 강물에 가만히 손을 넣어보니 생각보다 차갑지 않았다.

금강산을 옮겨놓은 듯 웅장하고 화려한 동굴 내부와 그 밑을 유유히 흐르는 지하 강은 내가 그동안 보았고 알았던 동굴의 모습을 순식간에 지워버렸다. 그

지하 강 동굴 속의 기묘한 모양의 종유석

지하 강 동굴 속에서 바라본 보트 선착장

광경은 어디서도 본 적이 없었고, 결코 잊을 수도 없는 것이었다.

맨몸을 드러낸 맹그로브 숲의 광경

동굴 탐험을 마치고 나와서는 맹그로브 숲•으로 걸음을 옮겼다. 맹그로브 나무들로 무성한 숲 속을 보트를 타고 구경할 수 있는 보트 투어가 인근에 있었기 때문이다.

맹그로브 숲으로 들어서기 전에 야자수 나무들 사이로 코코넛을 수확하고 있는 모습이 보였다. 족히 10m는 됨직한 키다리 야자수 나무 위에 사람이 매달렸는데 나무가 하도 높아서 사람이 조그맣게 보였다. 그 높은 데서 코코넛을 하나씩 따서는 땅바닥으로 '쿵' 소리가 나도록 던지고 있었다. 너무 높은 곳에서 던지다보니 바닥에 부딪혀 깨져버리는 코코넛이 적지 않았다. 난생 처음 보는 희한한 광경에 나는 한참을 멈춰 서 있었다.

맹그로브 숲에 도착하니 작은 오두막과 몇 척의 보트가 기다리고 있었다. 배를 타려는데 오두막을 지키던 커다란 개 한 마리가 먼저 후다닥 타더니 떡하니 자리를 잡는 게 아닌가. 일행 모두에게 큰 웃음을 준 그 개는 아무리 끌어내리려 해도 끝까지 버티는 통에 별수 없이 함께 맹그로브 숲을 구경했다.

작은 강을 사이에 두고 양옆으로 맹그로브 나무들이 앙상한 뿌리를 드러낸 채 서로 복잡하게 얽혀 있었다. 오랜 시간 물의 흐름으로 인해 자신의 맨몸을 드러낸 모습들. 천천히 움직이는 배 양옆으로 빼곡히 정렬한 채 늘어져 있는 모습에 마치 사열을 받는 듯한 기분이 들었다. 강물 속에서는 유달리 많은 물고기들이 쉴 새 없이 움직이고, 숲 속에서는 이름 모를 새들이 앞을 다퉈 지저귀면서 조화로운 화음을 빚어내었다. 나뭇가지 위에 잠든 초록 뱀은 꿈쩍도 하지 않았다.

맹그로브 나무의 앙상한 나신은 물 위에서 잔영을 만들어냈
는데 거기에서 또 다른 감흥이 진하게 배어나왔다.

복잡하게 얽혀 있는 맹그로브 나무들의 뿌리

소리가 나는 바위를 오르다

다음날 아침, 사방비치의 파도 소리에 일찍 잠에서 깼다. 대나
무 침상 사이로 시원한 바닷바람이 들어오고, 파도 소리와 함께 새
벽닭 우는 소리, 빗자루질 하는 소리가 새벽의 화음을 이루었다.

사방비치와 가까운 곳에는 우공 락(Ugong rock)이라는 '소리가 나는 바위'가
있다. 이곳을 오르려면 먼저 관리사무실에 입장료를 내고 헬멧과 장갑을 착용해
야 하는데, 바위 사이로 오르다 머리를 찧는 사고가 날 수 있기 때문이다. 올라
가는 중에 밧줄을 잡고 오르는 코스가 있는가 하면 나무다리를 이용하는 코스도
있어서 모험을 즐기는 사람에게 꽤 흥미로운 경험을 제공한다.

기암괴석의 뚫린 터널을 지나 중간쯤 오르다보면 하얀 기둥모양의 석순인 돌
고드름이 보인다. 이 석순은 내부가 비어 있어서 때리면 '둥둥' 하고 소리가 울
리는데, 종을 치면 울리는 것과 같은 이치다. 그래서 '소리가 나는 바위, 우공
락'이라 불리게 되었다고 한다.

30여 분쯤 걸려 오른 정상에는 주변 경치를 조망할 수 있도록 전망대가 마련
되어 있었다. 주변을 호령하듯 우뚝 솟은 우공 락의 정상에 서니 눈앞에 펼쳐진
아름다운 경관이 땀 흘려 올라온 수고를 넉넉히 보상해주었다.

멀리 지하 강을 품고 있는 세인트 폴 산의 모습이 눈에 들어왔다. 지하 강은
지금 이 순간도 기나긴 어둠 속을 조용히 흐르면서 망망대해로 나가 찬란한 햇
살 아래 몸을 드러낼 순간을 준비하고 있을 것이다.

김완수의 세계 7대 자연경관 05
Brazil

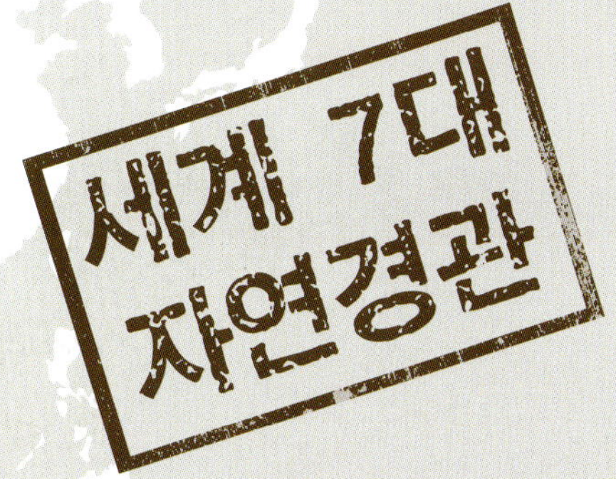

아마존(Amazon)

열대우림에 둘러싸인 아마존은 오랜 시간 사람의 발길을 허용하지 않았
다. 그래서 아마존은 오랜 기간 미지의 영역이자
신비의 대상으로, 인간들의 세상과는 거리가 있는 것으로 여겨졌다. 그
럼에도 아마존은 지구에 수많은 산소를 제공하는 허파와 심장 역할을 하
고 있다.

아마존 강
브라질, 페루, 볼리비아, 에콰도르, 콜롬비아, 베네수엘라 등 6개국에 광범위하게 걸쳐 있는 세계 최대 유역의 강이다. 10~20km의 거대한 강폭을 갖고 있다. 그 강에는 핑크빛 돌고래, 이빨달린 물고기 피라니아, 세계 최대 담수어인 피라루크, 아나콘다, 전기뱀장어 등 아마존에서만 볼 수 있는 생물들이 살아가고 있다.

마나우스
아마존 강 중류 지역의 열대우림이 펼쳐지는 아마존의 분지에 위치해 있다. 마나우스는 19세기 말 고무열풍으로 번창한 강변도시이며, 수많은 유럽인들이 유럽문화를 꽃피운 특별한 도시이기도 하다.

아마존 강에는 수많은 이야기가 숨어 있다. 지난 수십 년간 아마존 강은 목재, 자원채굴 등 개발 사업으로 열대우림 면적이 많이 줄어들었지만, 아직까지 정 많은 어머니처럼 지구 곳곳에 쉴 새 없이 산소와 나무를 공급해 주고 있다. 생명의 강인 아마존이 들려주는 이야기를 귀 기울여 듣기 위해 아마존으로 향했다.

검은 강인 네그로 강과 황색 강인 소리모인스 강이 만나는 삼각지에 있는 마나우스는 아마존 속의 유럽 도시였다. 때마침 천연고무가 발견되면서 거센 산업화 바람과 함께 유럽 문화를 꽃 피울 수 있는 거점이 돼주었다.

1896년도에 건설된 이탈리아 양식의 오페라하우스 아마조나스극장이 그 대표적인 예이다. 유럽의 일류가수들이 공연하였고 댄스홀에는 사교계의 명사들이 모여들었다고 한다. 그래서 마나우스는 '정글 속의 파리'라 불리기도 했다.

그러나 고무종자가 반출돼 말레이시아 등에서 대량 재배되면서 마나우스의 고무가격은 하락했고 아마존의 고무산업은 내리막길로 들어서기 시작했다. 다만 마나우스는 현재도 아마존 관광도시로서의 거점 역할을 톡톡히 해내고 있다.

황색 강과 흑색 강이 만나는 대자연의 화합

마나우스에서 하류로 10km 내려가면 검은 강인 네그로 강과 황색 강인 소리모인스 강이 만나는 지점에 도착한다.

수천 미터 고지의 안데스산맥에서 흘러 내려온 소리모인스 강은 유속이 빠르고 주위의 황토와 섞여 황색 물을 만들며 물의 온도가 차갑다. 네그로 강은 낮은 지역의 콜롬비아 고원에서 내려오기 때문에 유속이 느리고 많은 침엽수림 사이로 흘러서 검은색을 띠며, 물의 온도도 따스하다.

소리모인스 강에는 황토색의 물에 독성이 없는 까닭에 수천 종의 어종이 살고 있다. 알칼리성분이라 물고기들이 살기에 적합한 환경을 만든다고 한다.

한편 네그로 강은 산성을 띠기 때문에 생명력이 강한 물고기만 수백 종이 살고 있다. 유속이 느린 검은 강인 네그로 강은 포근하였으나 유속이 빠른 황색 강인 소리모인스 강은 차가운 공포감을 안겼다. 이처럼 아름답고 경이로운 두 개의 강물은 아마존 강이라는 이름으로 합쳐지고 있었다.

브라질에는 삼바 춤과 인디언 춤인 보이붐바 춤이 있다. 삼바 춤은 그동안 대중매체를 통해 자주 볼 수 있었으나 보이붐바 춤은 마나우스에 도착해 처음 관람할 수 있었다. '보이'는 소를 뜻하며, '붐바'는 축제를 의미하므로 보이붐바는 '소의 축제' 라는 뜻이 담겨 있다. 보이붐바 춤에는 슬픈 사연과 아름다운 율동이 숨어 있으며, 적색과 청색의 거대한 장식으로 나뉘어 매혹적인 장면이 펼쳐졌다.

청팀의 퍼레이드가 수많은 행렬과 더불어 관람석을 지나가면 다른 방향에서도 적팀의 퍼레이드가 많은 행렬을 이끌고 다시 객석에 펼쳐진다. 무대에서 음악에 맞춰 보이붐바 춤을 추는 인디언 처녀가 이 춤의 사연을 알려줬다. 수많은 백인들이 인디언 지역에 들어와 인디언들을 죽이고 물건들을 약탈하자 인디오

들은 이런 생각을 해냈다고 한다.

왜 저들을 우리에게 보내서 고통을 주는지 모르겠다. 하지만 백인들을 달래기 위해 예쁜 인디언 처녀를 뽑아서 하소연하듯 인디언 춤을 그들에게 보여준다면 그들도 최소한 우리를 살생하지는 않을 것이다.

사연을 들은 다음에 봐서일까? 보이붐바 춤은 아름답지만 어쩐지 슬퍼보였다.

아마존의 정글 로지를 향하여

아마존의 정글 로지는 아마존의 대자연 속에서 친환경적인 체류와 모험심을 즐길 수 있도록 마련된 시설이다. 아마존 탐험의 거점이 되는 정글 로지에서는 배를 타고 악어사냥, 피라니아 낚시, 카누산책, 정글 트레킹, 핑크 돌고래 등을 구경할 수가 있다.

이번에는 수상 로지로 유명한 아리아우(Airau) 정글 로지를 방문하였다. 이곳에 도착하자 야생의 수많은 원숭이들이 우리들을 반겼고 조그마한 배들이 각 지역의 활동을 위해서 대기하고 있었다. 방으로 이어진 길은 나무다리 산책길이었으며 아마존 요리를 즐길 수 있는 레스토랑, 박물관, 선물가게 등이 이방인들을 반기고 있었다.

아마존의 전설인 핑크 돌고래는 바다 돌고래에 비하여 부리가 30~40cm 정도로 길고 핑크색으로 귀여운 모습이다. 현지 인디언 주민들도 핑크 돌고래가 잡히면 그대로 놓아준다. 워낙 영리하며 사람들에게 사랑받는 아마존의 동물이기 때문이다.

핑크 돌고래는 오염이 안 된 아마존 강에만 서식하는 동물로 옛날 동쪽으로 흐르던 아마존 강이 안데스산맥의 융기로 인해 여기서 살던 바다 돌고래가 밖으로 나가지 못한 채 아마존 강에서 살게 되었다고 한다.

'옛날 예쁜 사내로 분장한 핑크 돌고래가 강가의 예쁜 여자를 데리고 강물 속으로 들어갔다. 그 순간, 여자의 남편이 나타나 도끼로 사내의 머리를 내리찍었는데, 오늘날 핑크 돌고래의 머리에 있는 자국이 그때의 도끼 자국'이라는 전설이 있을 정도이다.

그 예쁜 핑크 돌고래를 만나러 간 강가 서식지에는 인디오 엄마와 10대 정도로 보이는 두 명의 아들이 함께 살고 있었다. 아들 중 한 명이 토막 낸 물고기를

들고 텀벙 강물 속으로 들어간다. 그 모습을 본 몇 마리의 핑크 돌고래가 물 위에 오르며 먹이를 받아먹기 시작했다.

그런데 그 소년이 갑자기 나에게 아마존 강물로 들어오란다. 아마존의 깊은 강물도 그렇지만 핑크 돌고래 옆으로 가깝게 다가간다는 것이 조금 망설여졌다. 용기를 내 아마존 강물 속으로 들어가자 인디오 소년이 먹이를 들고 내 옆으로 다가오더니 핑크 돌고래가 점프를 하면 한 번 만져보라고 한다. 잘못하면 핑크 돌고래와 함께 깊은 아마존 강 속으로 빨려 들어가는 것은 아닐까 하는 두려움이 들었다.

그러나 내 예상과 달리 핑크 돌고래는 온순한 동물이었다. 두 팔로 껴안아도 다 안지 못할 정도로 커다란 몸통을 가지고 있는 핑크 돌고래와 즐거운 한때를 보낼 수 있었다.

 ## 깊은 밤, 악어 사냥을 나가다

하필이면 밤에 악어 사냥을 하다니? 밤에 어떻게 악어를 확인할 수 있다는 것인지 이해하기 힘들었다.

캄캄한 아마존 강가에 도착하자, 서른 살 정도의 젊은 악어 사냥꾼이 폭이 좁은 샛강에서 플래시를 들고 있었다. 악어 사냥은 플래시를 비춰 반짝이는 악어 눈과 마주치면 악어 사냥꾼이 순식간에 다이빙한 뒤 악어의 목을 눌러 잡아올리는 방법을 사용한다. 그러나 악어는 날카로운 이빨을 갖고 있어서 잘못하면 다칠 수 있으며, 그래서 가까운 곳에서 눈빛의 간격이 좁은 작은 악어만 골라서 잡는다고 하였다.

출발한 지 한 40여 분 지났을까? 악어 사냥꾼이 갑자기 신경을 곤두세웠다. 그 순간 무거운 정적을 뚫고 사냥꾼이 물속으로 다이빙했다. 과연 어떻게 되었을까? 그 사냥꾼은 뭔가를 손에 꼭 쥔 채 배 위로 올라왔다. 기대하던 악어를 사냥했던 것이다. 약 60~70cm 정도 크기의 악어가 사냥꾼의 손에 목을 잡힌 채 눈만 껌벅이고 있었다. 악어 사냥 기념촬영을 마친 뒤 자세히 악어를 관찰(?)하고 다시 강물에 놓아주었다. 인간과 악어는 아마존 강에서 그렇게 공생하고 있었다.

아마존 강의 이빨 달린 물고기 피라니아와 강수욕장

피라니아는 이빨이 있는 특이한 물고기로 아마존 강에서 잘 잡히는 물고기의 일종이다. 피라니아 낚시를 하기 위해 작은 카누에 올랐다. 3m 정도의 대나무 낚시를 이용하였으며 미끼로는 쇠고기를 잘게 썰어서 사용하였다.

낚시 장소는 본류가 아니라 정글 숲 속 부근의 작은 지류 근처였다. 낚시를 던지기 전에 대나무 끝으로 수면을 건드리면 피라니아가 먹이인 줄 알고 몰려온다고 한다. 낚싯대를 강물 위에 던지자 아마존에 비가 쏟아지기 시작했다. 우비를 입고 계속 기다리자 드디어 피라니아가 낚여 올라왔다. 잡힌 피라니아의 입을 벌리니 날카로운 이빨이 드러났다. 낚시 바늘을 떼어낼 때 이빨에 손가락이 물리지 않도록 조심해야 한다. 나무도 싹둑, 손가락도 싹둑 한다니까 말이다.

지상 최대 크기의 뱀인 아나콘다는 10~15m나 되는 것도 있다고 한다. 아나콘다는 아마존 강물, 정글 숲 속의 땅, 그리고 나무에 살고 있는 아나콘다 세 종류가 있다.

아나콘다를 키우고 있다는 집으로 가자 저 멀리서 사내가 뭔가를 끙끙거리며 들고 나타났다. 6~7m의 야생 아나콘다를 사로잡아서 키우고 있다는 것이다. 사내가 나무로 아나콘다의 머리를 건드리는 순간, 쏜살같이 대가리를 들더니 그 사내에게 대들었다. 사내도 깜짝 놀라 뒷걸음쳤다. 혹시 아나콘다가 도망치지 않을까 걱정했지만, 사내에게 살아 있는 오리와 닭 등을 정기적으로 받아 먹어 야성을 잃어버린 상태라 달아나지 않는다고 했다.

세계 최대 담수어인 3m의 피라루크

아마존의 강물 속에는 최대 5m까지 자라는 피라루크라는 물고기가 살고 있다. 몸무게만 약 250kg 정도로 1년에 10~13kg씩 몸무게가 불어난다. 1m 50cm

이하 크기를 잡는 것은 불법어로 행위라 하니 놀라울 따름이다.

피라루크는 성질이 온순한 편이나 위기를 느낄 때는 순간적으로 발작하며, 작살이나 그물을 이용해 사냥(?)을 한다. 마나우스 시장에서 본 피라루크의 속살은 연어와 비슷한 적색이었으며 연하고 부드러운 맛이라고 한다.

아마존 강 어장에 갇힌 약 3m 크기의 피라루크를 보았다. 몇 포대의 먹이를 던져주니 크게 소리를 내면서 먹는다. 머리는 커다란 악어 크기만 하여 공포심을 느끼게 하고 몸뚱이는 초대형 잉어처럼 생겼다.

하늘에서 본 아마존 강의 심장 아나빌라나스

아마존하면 정글탐험만이 연상된다.

6개국에 걸쳐 형성된 광범위한 아마존 강과 밀림지역……

그곳에는 하늘에서만 볼 수 있는 숨어 있는 비경이 있었다.

마나우스에서 약 80km 거리로 경비행기를 타고 아마존 강의 상류 쪽으로 약 30여 분 가다보면 마치 바다처럼 느껴지는 아마존 강에 약 1,200여 개의 섬이 강을 따라서 산재해 있다. 아나빌라나스, 즉 아마존 강에 떠있는 섬들의 군도이다.

옛 사람들에게는 절대로 보여주지 않았던 아마존의 비경, 그러나 현대는 문명을 이용해 공중탐험으로 아마존의 비경을 색다르게 감상하게 되었다.

'하늘이 내린 신의 걸작품' 아나빌라나스.

조그마한 섬들이 모여서 바다 목장을 이뤘다.

섬 안에 있는 호수, 동물모양의 섬, 운동장, 아름다운 하트모양, 한 번 들어가면 찾지 못할 미로를 형성하는 등 기기묘묘한 형상이 만들어졌다. 그동안 옛 사람들은 배로 아마존 강을 오르내리며 신의 뜻을 알지 못하고 지나쳐 왔을 것이다.

그러나 옛날은 옛 방식대로 이곳을 지나치며 강과 섬의 아름다운 이야기는
나누지 않았을까……

아마존 정글 로지를 가기 위해서 여객선으로 이곳 아나빌라나스를 지나갔다.

섬의 규모도 형상도 전혀 느끼지도 못하고, 그저 아마존 강의 떠있는 평범한
섬처럼 느껴졌다.

오직 아마존의 하늘에서만 몸을 드러내는 곳, 신이 아마존 강 위에 그림을 그
린 멋진 파노라마였다.

Argentina

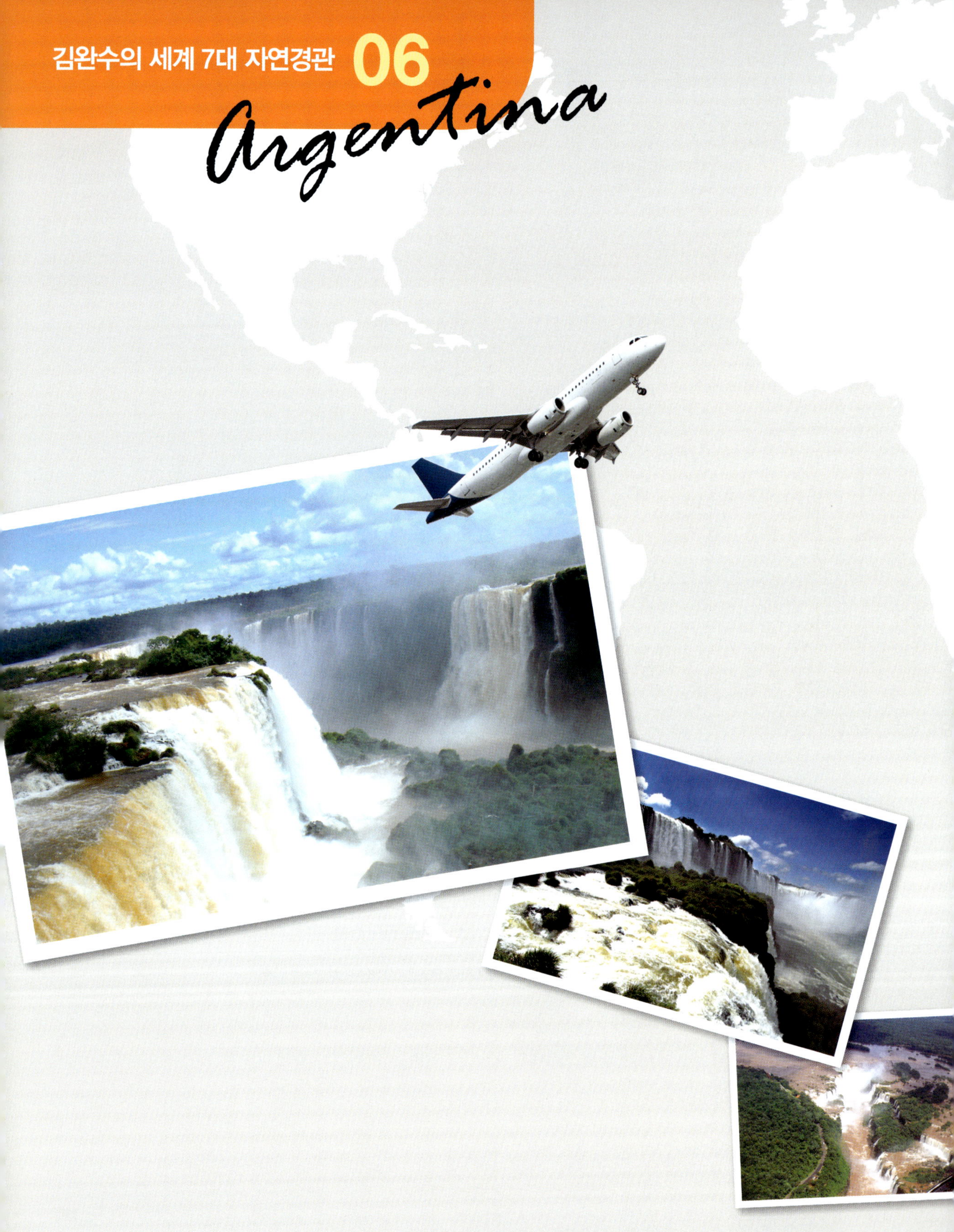

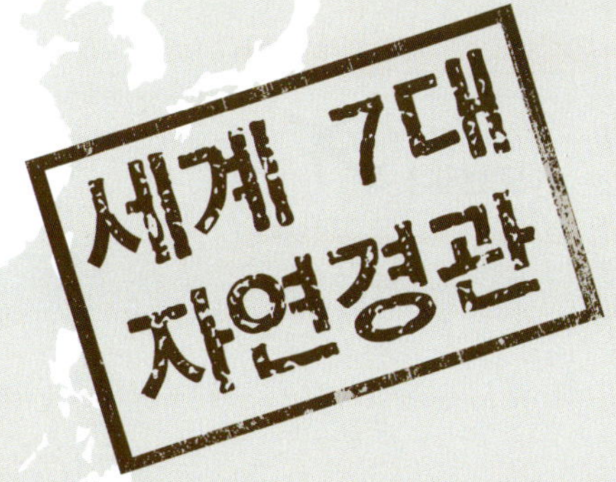

이과수 폭포(Iguazu Falls)

이과수 폭포 아래 서면 자연이 주는 아름다움을 넘어 공포와 두려움까지 느껴진다. 울려 퍼지는 굉음을 그러나 한 번이라도 악마의 목구멍에서 자신의 몸 깊숙이 받아들여 본 사람이라면 인생의 새로운 의미와 아름다움을 깨닫게 될 것이다.

사자의 포효처럼 웅장하게 터져 나오는 우렁찬 물소리가 들려왔다. 물소리에 따라 대지는 끊임없이 진동하고 햇빛에 따라 폭포수는 팔색조처럼 색깔을 변화시키고 있었다. 그리고 악마의 목구멍 이과수 폭포에서는 색과 빛의 심포니를 토해내며 으르렁거리듯 지상 최대의 오케스트라가 연주되고 있었다.

세계 3대 폭포 중 가장 작은 나이아가라 폭포, 그 다음 빅토리아 폭포를 본 후 이과수 폭포를 제일 나중에 감상해야만 진정한 아름다움을 느낄 수 있다고 했다.

이과수란 원주민 인디오들이 불러오던 호칭으로서 이구(igu)는 물을 의미하고, 아수(azu)는 웅장함에 대한 경탄을 나타낸다. 즉 이과수라는 말에는 바로 상상을 초월한 '웅장한 물'이라는 뜻이 담겨져 있는 것이다.

너무 큰 폭포인지라 하늘은 두 나라를 선택해 대자연의 선물을 주었는지도 모른다. 바로 브라질과 아르헨티나라는 두 행운의 나라에게 말이다.

으르렁대며 웅장하게 터져 나오는 힘찬 물소리, 햇빛에 따라 색채가 변하는 폭포, 크고 작은 폭포 약 300여 개와 약 4km에 걸친 크기, 평균 50~100여 미터의 낙차를 가진 폭포 아래 서 있어본 느낌은 경험하지 않고는 도저히 설명할 방

법이 없다.

　이과수 폭포의 하이라이트인 '악마의 목구멍'이 신음소리를 내며 웅덩이에서 입을 벌리고 있다. 끊임없이 계속되는 폭포의 광경은 감동을 넘어서 공포감마저 느꼈다. 지상에서 실감한 거대한 폭포의 잔상, 강에서 체험한 폭포의 모습과 물벼락, 그리고 공포, 하늘에서 바라본 폭포 전체의 모습까지…… 이과수 폭포는 마치 인생이 그러하듯 보는 각도에 따라 전혀 다른 인생의 잔상을 남겨 놓고 있었다.

하늘에서 본 이과수 폭포

이과수 폭포는 폭이 약 4km로 너무 넓어서 지상 어디에서든지 한 눈에 볼 수 있는 곳이 없다. 아르헨티나 쪽은 폭포 앞에서 최대한 가까이 볼 수 있는 장점이 있으며, 브라질 쪽에서는 바라보는 풍치가 너무나 아름다운 장점을 가지고 있다. 폭포와의 거리가 멀기 때문에 몇 번에 걸쳐 나눠 봐야만 했다. 나는 악마의 목구멍이 있는 지역과 폭포가 병풍처럼 늘어선 지역을 나눠서 감상하기로 했다.

전체적인 폭포의 모습을 살펴보기 위해 헬리콥터*를 타기로 했다. 헬리콥터에 몸을 실으니 이과수 강의 누런 황색 물줄기가 유유히 눈 아래로 펼쳐졌다. 문득 길을 잃은 물줄기는 곤두박질치며 천길 낭떠러지로 떨어진 뒤 악마의 목구멍으로 휩쓸려 들어갔다. 찬란한 무지개가 온누리에 펼쳐졌다. 이과수의 하이라이트인 '악마의 목구멍'은 수많은 물줄기를 품에 안으며, '으르렁' 거리는 굉음과 함께 이과수의 물을 흘려보내고 있었다.

빅토리아 폭포가 일직선으로 늘어진 단조로운 모습의 폭포라면, 이과수 폭포는 넓은 면적에 걸쳐 거칠 것 없이 물을 쏟아 내리는 가장 남성적인 폭포다. 이 세상에서 가장 웅대한 대자연의 남성미를 보여 주고 있는 것이다.

브라질 쪽에서 바라본 이과수 폭포

브라질 쪽에서 폭포를 바라보는 맛은 마치 아름다운 여인을 그리듯 먼 곳에서 바라보며 즐기는 것이다. 먼 거리에서 보는 악마의 목구멍은 또 다른 모습을 내보였다. 물살을 늘어뜨리며 축 늘어져 떨어지는 폭포는 글자 그대로 한 폭의 병풍 같은 모습이었다.

폭포수의 양이나 면적은 아르헨티나 쪽이 우세하나 경관은 브라질 쪽이 더 좋

아서 관광객의 발길이 단연 브라질 쪽에 더 많이 쏠린다. 브라질 쪽에는 벤자민 콘스탄트 · 데우로루 · 플로리아누 폭포 등이 있으며, 폭포 전체를 모두 감상할 수가 있다.

이과수 강은 협곡을 지나 계속 흐르다가 파라나 강과 합류한다. 각각의 많은 폭포 줄기들은 돌출한 암봉으로 인하여 중간에서 부서지고 있었다. 이때 생기는 물보라와 물의 굴절로 생긴 무지개가 또 다른 장관을 이루었다. 한 층의 안개가 폭포 아래 지점부터 위로 100여 미터 되는 곳까지 드리워져 웅장하고 수려한 경관에 한 몫을 더하고 있었다.

아르헨티나에서 바라본 폭포

아르헨티나 쪽의 폭포는 바로 눈앞에서 가깝게 볼 수 있다는 장점이 있다. 실제로 바로 눈앞에서 쏟아지는 웅대함을 온몸으로 실감할 수 있었다. 이과수 폭포의 하이라이트인 악마의 목구멍까지는 약 10여 분으로 걷는 도중에 이과수 강의 아기자기한 모습을 직접 확인할 수 있었다.

악마의 목구멍처럼 휑하니 뚫린 구멍 속으로 물이 잇달아 빨려 들어가는 모습을 바로 눈앞에서 가장 가깝게 목격한다는 것은 장관이라기보다 차라리 공포에 더 가까웠다. 공중으로 튀어 오르는 물보라 때문에 옷은 흠뻑 젖었지만 그래도 무지개가 살포시 반겨주었다. 아르헨티나 영토에 속한 이과수 강 중간 지역에 있는 산마르틴 섬에서도 산마르틴 · 보세티 · 도스에르 마나스 · 미드레 · 트레스 모스케 폭포 등을 볼 수 있다. 또한 폭포를 더 체험하고 싶은 사람들은 폭포 안쪽으로 올라 이과수의 속살을 만져볼 수도 있다.

이과수 폭포와 3국 국경의 파라과이 인디오 촌

이과수 강이 합류하는 파라나 강은 파라과이, 브라질, 아르헨티나 세 나라를 가르는 자연적 경계지역이다. 이과수 강은 원래 파라과이 땅에 속했다. 삼국전쟁 전에는 파라과이가 가장 강한 나라였고 지금보다 영토도 더 넓었다. 그러나 당시 약세였던 브라질과 아르헨티나가 서로 힘을 합쳐 파라과이와 전쟁을 벌인 결과 파라과이는 패하게 되었고 그 결과 많은 영토를 잃었다. 그 과정에서 이과수 강이 합류하는 파라나 강 지점이 세 나라의 국경으로 결정된 것이다.

파라과이 인디오 촌을 방문하기 위해서는 이과수 강에서 배를 타고 이과수 강을 따라 내려가야 한다. 한참 내려가다 보면 파라나 강과 합류하게 되는데, 강폭

이 이과수 강보다 2배 정도로 넓었고 물결도 상당히 거세게 흘러갔다.

파라과이 쪽의 검문소에 간단한 서류를 제출하고 배는 인디오 촌을 향해 내려갔다. 내려갈 때는 물결의 흐름을 타서 1시간 반 정도 걸리지만, 올라올 때는 약 2시간 정도 더 소요되었다. 배가 파라과이 땅에 도착한 뒤에는 숲 속의 오솔길을 따라 걸어갔다. 삼림욕을 하는 기분이었고 트레킹 코스로 아주 좋았다. 중간지점에 식물학자가 지은 전람실이 있었고 그 주변에는 식물들이 멋있게 자라고 있었다.

인디오 촌을 향해 계속 걸음을 옮겼다. 조그마한 하천을 건너 동네 입구에 다다르니 나무로 깎아 만든 뱀 등 각종 형상이 우리를 반겼다. 몇 채의 집과 순박

한 사람들이 있는 전형적인 우리의 농촌 모습이었다. 족장이 원주민 악기를 들고 연주를 마치자, 우리는 박수와 환호를 보냈다. 하지만 우리를 이끈 가이드는 인디오 촌이 점점 세속화되는 것 같다고 말했다. 우리 같은 현대인을 자처하는 이방인들의 방문이 늘어나면서 생긴 일이라고 했다. 마치 내게 오염된 것이 잔뜩 묻어 그들을 세속화시키는 것은 아닌지 찜찜할 따름이었다.

이과수 폭포를 이용한 세계 최대 이타이푸 댐

세계 최대 규모를 자랑하는 이타이푸 댐은 이과수 강과 함께 세계적인 관광자원이다. 이과수시에서 약 20km 떨어진 지점에 브라질과 파라과이가 국경을 맞대고 있는 파라나 강에 건축된 이타이푸 댐은 세계 최대의 수력발전소이다.

'이타이푸'는 그곳 원주민 언어인 과라니어로 '이타'는 '돌', '이푸'는 '노래를 하다'라는 뜻이다. 원래 파라나 강 가운데에 돌섬이 하나 있었는데 물소리 때문에 '돌이 노래를 하는 것'처럼 들렸다고 한다. 그 돌섬 부근에 댐이 건설되고 지금은 댐이 쏟아내는 물이 더욱 우렁찬 노래로 사람들을 불러 모으고 있는 것이다.

브라질과 파라과이가 공동으로 사업을 벌인 이 댐은 1975년에 착공, 1984년에 완공을 보았다. 댐의 총 길이는 8km, 높이는 185m, 저수면적 1,350km², 저수량 약 2,000억 톤으로 우리나라 소양강 댐의 약 60배이다. 공사에 사용된 철강재만도 프랑스 에펠탑 380개를 건설할 수 있을 정도의 거대한 규모를 자랑하는 댐이다. 현재 브라질 전력의 25%, 파라과이 전력의 80%를 담당하고 있다.

이타이푸 댐은 우리나라 댐과는 다른 커다란 특징을 가지고 있는데 우리나라 댐들은 계곡을 막아 일직선으로 쌓는데 비해 이타이푸 댐은 8km 길이를 반원형식으로 막아서 물과의 마찰을 최대한 줄였다고 한다. 미국의 후버 댐과 비슷한 공법으로 건설한 것으로 대자연과 인간의 합작품인 것이다.

이타이푸 댐을 보며 나는 이런 생각도 했다. 혹시 나는 내 맘대로 물이 흐르는 곳에 댐을 쌓고 내 맘대로 물을 가두고 보내는 일을 반복하지는 않았는지? 비록 그 댐의 위용에 놀라 수많은 사람이 찾았을지라도 이왕이면 이타이푸 댐처럼 대자연과 합작한 아름다운 작품이었으면 좋겠다.

Republic of South Africa

긴 머리 소녀가 기다리는 테이블 마운틴으로

테이블 마운틴(Table Mountain)

아무리 높은 정상을 밟은 사람이라 해도 결코 혼자서는 산을 오를 수가 없다. 우리는 손에 손을 잡고 살아야 하는 사람들이기 때문이다.
테이블 마운틴은 힘겹게 인생의 정상을 향하고 있는 사람들에게 다정하게 손을 내밀고 있다.

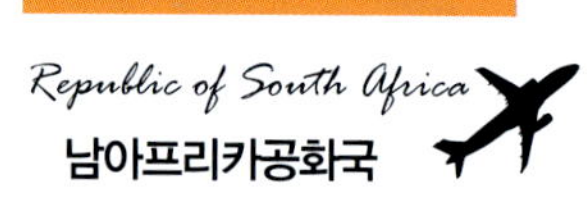

테이블 마운틴에 오르는 나는 외롭지 않았다. 손에 손을 잡고 사는 인생처럼 테이블 마운틴은 서쪽으로 라이언스 헤드와 동쪽으로는 데빌스 픽이 손을 맞잡은 채 사람들을 기다리고 있었기 때문이다.

이렇게 손을 잡고 누운 테이블 마운틴에는 '긴 머리 소녀'가 길게 누워 있다. 데빌스 픽은 소녀의 머리에 해당하고, 그 뒤편으로 늘어진 능선은 긴 머리 소녀의 머릿결, 평평한 테이블 마운틴은 소녀의 배를 나타내고 12사도봉은 긴 머리 소녀의 다리와 발을 나타내고 있다.

소년시절 우리 마음을 흔들었던 긴머리 소녀가 테이블 마운틴에서 그렇게 손을 내밀며 말없이 누군가 다가오기를 기다리고 있었는지도 모른다.

테이블 마운틴은 시끄럽고 복잡한 인생사처럼 변덕스런 날씨로 인해 마음 먹은 대로 항상 정상에 오르기는 어려운 곳이다. 짙은 구름이 마치 보자기처럼 생겼다 해서 테이블 보라고 불리기도 하는데 수천 종의 희귀식물과 동물들을 보듬고 있으며 아름다운 자연전망대 역할을 해줬다.

테이블 마운틴으로 오르는 길은 케이블카를 이용하거나 걸어서 올라가는 두

●테이블 마운틴
테이블 마운틴은 남아프리카공화국 케이프 타운 남쪽에 위치하고 있으며 서쪽으로 라이언스 헤드(Lions head)가 동쪽으로는 데빌스 픽(Devils peak)이 함께 하며 대서양을 바라보고 있다. 높이는 1,068m이며 정상에는 약 3km에 이르는 칼로 잘라 놓은 듯한 평평한 대지가 있다. 1990년 뉴케이프반도국립공원으로 지정되었고, 1998년에 테이블 마운틴 국립공원으로 다시 지정돼 현재에 이르고 있다.

테이블 마운틴 정상을 자일을 이용해 올라가는 클라이머들

가지 방법이 있는데 사람들은 걸어서 올라가기보다 케이블카를 더 많이 이용하고 있었다.

이곳에 오른 사람들은 긴 머리 소녀와 다정한 이야기를 나눌 수 있다. 태양이 빛나는 대서양과 인도양, 그리고 평화롭게 펼쳐지는 케이프타운의 아름다움을 음미하며 석양과 함께 한 잔의 와인을 마시는 것도 테이블 마운틴에서의 잊지 못할 추억이 될 것이다.

테이블 마운틴 트레킹으로 정상을 향하여

테이블 마운틴은 자신을 찾는 사람들을 위해 여러 곳의 트레킹 코스와 케이블 카를 허락하고 있었다. 사람들이 가장 많이 찾는 트레킹 코스는 케이블카 타는 곳에서 악마의 계곡 쪽으로 조금 올라가다 정상 부근의 절개지(갈라진 부분) 계곡을 따라 올라가는 방법이다. 이 길로 올라가면 케이프타운과 대서양의 전망을 감상하거나 키가 낮은 나무들과 야생화, 흐르는 시냇물 소리를 들으며 산행을 즐길 수가 있다. 오르는 길은 조금 가파른 편이지만 라이온스 헤드와 악마의 봉우리를 차례로 만날 수 있다. 특히 2~3단의 폭포로 이뤄진 수십 미터의 자그마한 폭포가 물을 흘려보내는데, 산행에 지친 사람들의 피로를 씻기에 제격이다.

테이블 마운틴의 마지막은 40~50도의 급경사로서 힘든 코스였다. 마치 내 마음을 희롱하며 저만치 도망치는 소녀의 모습을 따라가는 것과 같았다. 정상에는 V자 모양의 바위 절개지가 보이고 손에 잡힐 듯 파란 하늘도 보이지만, 아직 정상까지는 상당한 시간이 필요하다. 급하게 정상을 탐하기보다는 아름다운 경치를 사진에 담고, 조망하면서 천천히 걸어가는 것이 좋다. 대서양과 케이프타운, 악마의 봉우리와 테이블 마운틴의 아름다운 경치와 마음속 깊은 인생 이야기를 나누며 트레킹을 즐기는 일은 인생의 뜻깊은 추억이 될 것이다.

테이블 마운틴의 정상에 오르기 위해서 케이블카를 찾는 것 역시 한 방법이다. 케이블카의 입구는 해발 300여 미터의 위치에 있으며 정상까지 약 5분 정도면 도달할 수가 있다. 케이블카가 360도 회전하면서 정상에 오르므로 좋은 자리를 차지하려고 서둘 필요도 없다. 360도 회전하는 케이블카 덕분에 대서양과 케이프타운 시내, 라이온스 헤드와 시그널 힐, 그리고 테이블 마운틴의 급경사 절벽은 물론 자일을 이용해 절벽을 오르는 클라이머들의 아찔한 광경도 감상할 수 있다.

●케이블카

테이블 마운틴에 오르는 케이블카는 바람이 강하게 불거나 정상에 구름이 많이 끼면 운행이 취소되므로 케이블카에 오르기 전에 운항 상태를 체크하는 것이 좋다.

대서양과 인도양을 안내하는 등대, 테이블 마운틴 정상에서

칼로 곧게 베어낸 듯 평평한 테이블 마운틴의 정상에 서면 남아프카의 아름다운 풍광이 거칠 것 없이 눈에 들어왔다.

빛나는 대서양과 접시 모양의 케이프타운 중심지가 보이고, 좌측으로는 라이온스 헤드가 테이블 마운틴의 수호신처럼 버티고 있다. 또한 우측으로는 악마의 봉우리와 저 멀리 대서양의 조그마한 섬이 아른거렸다. 노벨상을 수상한 만델라 전 대통령이 유배되었던 로빈슨 아일랜드도 케이프타운 앞에서 오롯이 자리를 지키고 있었다.

이제 테이블 마운틴을 보좌하던 12사도봉은 긴 머리 소녀를 떠나 희망봉을 향해 달렸다. 12사도봉의 양쪽 해안은 대서양과 인도양으로 구분되어 테이블 마운틴의 경치를 더욱 돋보이게 하고 있었다.

저 아프리카 땅끝 마을에서 왼쪽으로 향하면 인도양으로, 오른쪽으로 방향을 틀면 거친 대서양이 될 것이다. 테이블 마운틴은 그곳을 찾는 사람들에게는 일일이 인생의 방향을 일러주는 손길을 내밀더니, 이제 동서양의 너른 바다를 안내하는 등대가 돼주고 있었다.

테이블 마운틴의 수호신, 라이언스 헤드

테이블 마운틴 정상에서 바라보면 우뚝 솟은 사자머리의 산, '라이언스 헤드'가 있다. 사자머리에 붙어 있는 나지막한 능선과 언덕이 시그널 힐이며, 사자 몸통에 해당되는 곳이다.

약 1시간 정도 소요되는 라이언스 헤드의 높이는 해발 669m이며 꼭대기까지 걸어 오르는 동안 360도를 빙글빙글 돌아가듯 걸어 올라야 한다. 케이프타운과

테이블 마운틴, 로빈슨 아일랜드 등을 자연스럽게 조망할 수가 있으며, 테이블 마운틴과 형제처럼 나란히 이어진 12개의 봉우리가 마치 병풍처럼 펼쳐진 절경도 확인할 수 있었다. 이곳이 투엘브 아파슬스라 불리는 12사도봉이며, 12사도봉의 기슭에는 또 다른 형태의 자그마한 케이프타운인 아름다운 콕베이와 콕베이비치 모습을 확인할 수 있다.

라이온스 헤드의 정상에 다가서면 기암괴석으로 이뤄진 머리 부분을 통과해야 하는데 이곳이 마지막 등정길로 약간의 체력 소모가 필요한 곳이다. 드디어 사자머리 꼭대기에 다다르면 정상 표지판이 보이고 시원한 대서양 바람과 만날 수 있다. 힘든 인생의 역경을 뚫고 올라와 그동안 땀 흘린 수고를 칭찬받는 것처럼 이곳에서 한눈에 360도의 모든 전경을 감상하는 것은 또 다른 기쁨을 맛보는 일이다.

또한 태양이 대서양으로 넘어갈 때 아름다운 해넘이를 감상할 수 있으며, 보름달이 뜰 때면 맞게 되는 밤의 달맞이를 만끽할 수 있는 세상에서 가장 멋진 장소이다.

라이온의 몸통에 해당되는 시그널 힐은 테이블 마운틴에서 바라보면 '사자가 앉아 있는 모양새'이다. 이곳은 해가 질 무렵, 도시락과 와인을 들고 와 석양을, 어둠이 들면 케이프타운의 이름난 금빛 야경을 볼 수가 있다.

굽이굽이 커브를 돌아 차량으로 시그널 힐을 올라갔다가 내려오는 길에 테이블 마운틴의 뜻밖의 모습과 마주쳤다. 악마의 봉우리와 테이블 마운틴, 12사도봉이 함께 어우러진 '긴 머리 소녀가 누워 있는 모습'과 만나게 되는 것이다. 그 순간 무엇인가 영적인 느낌이 다가와 계시하는 느낌을 받았다. 긴 머리 소녀가 누워 하늘을 바라보고 있는 모습은 '하늘이 내린 신의 걸작품' 바로 그 자체였기 때문이다.

테이블 마운틴의 여행도시는 케이프타운

어머니의 도시라 불리는 케이프타운은 1652년 네덜란드인에 의해 남아공에 조성된 도시이다. 케이프타운은 '아프리카 땅의 유럽도시'라 불리기도 하며 케이프타운의 상징이자 랜드마크인 테이블 마운틴을 등지고 있다.

바닷가 항구에 있는 워터프런트는 유럽보다도 더 유럽적인 분위기를 풍기는데, 밤이면 테이블 마운틴을 향하여 비치는 써치 라이트 불빛 때문에 더욱 신비

스럽게 느껴진다. 인도양과 대서양이 만나는 케이프 포인트에서는 두 대양을 한 꺼번에 바라볼 수 있는 행운을 체험할 수 있으며, 테이블 마운틴과 희망봉, 식물원, 각종 비치와 와이너리 등 여러 곳을 여행할 수 있는 거점도시로 활용할 수도 있다.

희망봉으로 가는 환상적인 드라이브 코스는 케이프타운에서 남쪽으로 약 60km 해안선을 끼고 있다. 이 길은 아름다운 대서양 해안을 끼고 해안 드라이브를 할 수 있으며, 첫 번째 만나는 캠스베이는 뮤직비디오에 자주 등장할 정도로 대서양이 만든 아름다운 해변이다. 밑으로 내려가면 덥디 더운 아프리카 극지방에서 살고 있을 법한 펭귄이 볼더스에 살고 있는 것을 확인할 수 있다.

조금 더 가면 남아공 유일의 누드비치인 샌디비치이다. 20여 분 정도 오솔길 숲 속을 거닐다 보면 자연 속에 숨어 있는 샌드비치와 만나는데 주위에 쉽게 노출되지 않는 이곳 흰 모래사장의 샌드비치는 누드가 아니면 눈총을 받는다.

드디어 희망봉으로 가는 환상적인 드라이브 코스인 채프만스픽 드라이브가 나왔다. 이곳은 산비탈을 깎아 만든 도로로 대서양과 굽이굽이 해변 절벽을 따라 이어지는 환상적인 드라이브 코스가 경이로웠다.

하웃 베이, 누드 훅으로 이어지는 이 아름다운 해변도로는 종종 고래가 나타나기도 한단다. 우리 인생 역시 가끔은 이렇게 생각지 않은 길목에서 고래와 만나는 기쁨을 누리지 않던가? 고래를 만난 사람들이 카메라에 그 모습을 담고 있었다. 아주 재미있고 환상적인 이 드라이브 코스는 인생에 남아 있는 '희망을 찾아서 가는 길' 바로 그곳이었다.

희망봉 트레일 코스에 있는 아름다운 전경

아프리카의 땅끝 마을 희망봉

아프리카의 최남단 땅끝 마을에서 인도양과 대서양을 굽어볼 수 있는 곳, 거칠고 차가운 대서양과 온순하고 따뜻한 인도양이 합쳐져 아프리카의 희망을 만들어내는 곳이 바로 희망봉•이다.

포르투갈 선원이나 네델란드 동인도 회사 직원이 머나먼 항해를 끝내고 집으로 돌아갈 때, 멀리 희망봉이 보이면 집이 가까워졌다는 사실에 환호하며 곧 가족과 만날 수 있다는 '희망'을 만끽했다고 한다. 나 또한 이곳에서 안전하게 여행을 마치고 다시 가족들과 만나고 싶다는 마음을 느낄 수 있었다.

테이블 마운틴 국립공원 안에 있는 희망봉에는 희망봉을 발견한 두 사람을 기념하는 하얀 기념탑이 서 있다. 해발 238m 높이의 케이프 포인트에는 등대가 함께 서 있으며 야생의 타조와 개코원숭이 등이 살고 있다. 그곳에 서면 세상에서 가장 매서운 바람을 만날 수 있다. 이곳이 왜 폭풍의 곶이라 불렸는지 단 한마디의 설명 없이도 알 수 있다.

희망을 찾아서 희망봉 트레일

해변에 있는 희망봉에서 등대가 있는 케이프 포인트까지 산책하는 희망봉 트레일은 희망봉의 정기를 듬뿍 담을 수 있는 안락하고 운치 있는 산책 코스이다. 출렁이는 대서양과 기암괴석, 희망봉은 발밑에 아른거리고 사람에게 익숙한 다람쥐들이 낯선 여행객을 반겨준다. 멀리 케이프 포인트와 등대가 보이고 오솔길과 나무계단을 번갈아 걷다보면 절벽에 둘러싸인 아름다운 비치가 나타났다. 저곳에서 좋아하는 사람과 오랫동안 머물고 싶은 충동이 일어날 정도로 아름다웠다.

아프리카 여행에서 쌓인 피로를 이곳에서 씻어낼 수 있다. 이곳은 나무와 꽃, 그리고 하늘만큼이나 사람에 대한 희망을 느낄 수 있는 곳이다. 나는 아프리카의 맨 끝 희망봉에서 새로운 인생의 희망을 듬뿍 담아갈 수 있었다.

India

순다르반스(Sundarbans)

끝없이 펼쳐진 맹그로브 숲 사이로 잔잔한 강물이 흐르고 이름 모를 새
들이 지저귀며 친구가 되어주는 곳.
어디선가 불쑥 튀어나올지 모를 벵골호랑이 때문에 긴장을 늦출 수 없지
만 그 또한 자연의 섭리일 것이다.

인도는 영혼이 힘들고 지친 이들에게 위안과 안식을 주는 곳이다. 해탈의 경지에 오르려는 인도인들의 노력을 지켜보는 것만으로도 마음이 숙연해진다. 그런데 인도에서도 한참 오지에 속하는 곳, 순다르반스에는 영혼을 치유해주는 또 다른 세상이 오롯이 존재하고 있다.

벵골 만* 연안을 따라서 동서로 펼쳐진 순다르반스는 인도와 방글라데시에 걸친 넓은 지역으로, 이곳에서는 젊은 아낙네들이 벼를 땅에 내려치며 타작을 하고 할아버지, 아버지, 손자가 줄을 지어 볏단을 이고 나르는 모습이 일상적인 풍경이다. 하지만 순다르반스의 진정한 주인공은 따로 있다. 수많은 섬과 거대한 숲을 이룬 맹그로브 나무, 그리고 사납기로 유명한 벵골호랑이다.

•벵골 만
인도양 북동부에 위치한 큰 만으로 북쪽으로는 인도의 서벵골주와 방글라데시, 남쪽으로는 스리랑카가 있는 해역이다. 만 안쪽에는 갠지스 강, 브라마푸트라 강의 광대한 델타지역(삼각주)이 펼쳐진다.

세계 최대의 맹그로브 숲의 그림 같은 풍경

맹그로브 숲을 따라 형성된 수로에서 고기 잡는 현지인들

아름다운 맹그로브 숲과 100여 개의 섬들

'순다르반스'라는 말은 벵골어로 '아름다운 숲'이라는 뜻이다. 세계 최대의 맹그로브 숲과 100여 개가 넘는 섬, 수많은 수로로 둘러싸인 원시 그대로의 모습을 지녀 유네스코 세계자연유산으로 지정되어 있다.

바닷물과 강물이 만나 갯벌을 형성한 이곳에서는 여러 종류의 게들을 볼 수 있고 다양한 새와 식물들이 자라난다. 작은 보트와 여객선들이 수로를 통해 다니면서 섬과 섬을 이어주는 발 역할을 하는 반면, 자동차를 볼 수 없는 지역이기도 하다.

•벵골어
방글라데시와 인도의 트리푸라주, 서벵골주의 공용어이며, 벵골 문자로 표기된다. 아시아인 최초로 노벨문학상을 수상한 타고르는 근대 벵골 문학의 아버지로 불린다. 벵골문자는 나가리문자의 변종이며, 구어체의 표준어는 캘커타방언이다. 문어체는 어휘나 문법에 있어서 구어체와 큰 차이를 보인다.

타이거 캠프로 가는 길

콜카타에서 출발한 차는 약 3시간을 달려 강이 있는 항구에 도착했다. 수많은 여객선과 화물선이 들락거리는 항구인데 조그만 어선 한 척에 승객들을 초만원으로 태운 모습이 이채로웠다. 순다르반스행 유람선도 항구에 정박한 채 타이거 캠프로 가는 손님을 기다리고 있었다. 타이거 캠프는 순다르반스 지역의 중심에 세워진 로지(lodge)형 리조트로써 순다르반스 여행의 근거지다.

배 위에서 뜻밖의 유명 인사를 만났다. 인도를 소개하는 각종 책자나 포스터 등에 등장하는 순다르반스의 대표 인물이자 명가이드인 나란잔 렙탄(Niranjan-Raptan)이었다. 올해 나이 60세인 그는 약 40년 동안 순다르반스를 지켜왔다. 멋진 가이드 유니폼 위에 명찰을 단 그는 순다르반스에 대해 넘치는 자부심을 갖고 있었는데, 자신이 가이드로 일하게 된 연유를 내게 말해주었다.

그가 18살 때, 순다르반스의 맹그로브 숲에서 삼촌과 함께 꿀을 채취하고 있었다. 그런데 갑자기 숲 속에서 호랑이가 나타나 그를 향해 달려들었고, 이를 본 삼촌이 몸을 던져 막아내다 그만 호랑이에게 손과 발을 물어 뜯겨 끝내 목숨을 잃고 말았다. 그는 그날 이후에도 계속 꿀을 채취하였고 수많은 호랑이들을 보았다. 가난한 가정에서 태어나 교육을 받지는 못했지만 호랑이에 대해서만큼은 누구보다 잘 아는 탓에 가이드가 되었고, 여행객들이 그의 영어 선생님이 되어주었다고 한다.

그는 말했다.

순다르반스 호랑이는 영리해서 언제나 뒤에서 공격을 합니다. 식인 동물은 아니지만 먹을 것이 부족하면 무엇이든 공격할 수 있습니다.

골호랑이가 꿀벌에게 쫓기어 도망가는 모습을 상상만 해도 웃음이 나온다. 그렇다면 밀림의 왕자는 호랑이가 아니라 꿀벌이 아닌가?

순다르반스 여행의 백미, 보트 투어

순다르반스 여행의 백미는 보트를 타고 세계 최대의 맹그로브 숲을 감상하면서 새벽부터 움직이는 야생동물들을 만나보는 것이다.

아침 6시 30분, 10명 남짓한 여행객들을 태운 보트가 천천히 움직이기 시작했다. 다들 졸린 얼굴이지만 순다르반스의 야생동물들을 만나볼 기대감에 잔뜩 부풀어 있는 듯하다. 저만치 작은 배가 보이고 배 위에 두 사람이 타고 있었다. 아들과 엄마인 듯했다. 아들은 그물을 던져 물고기를 잡고 엄마는 아들이 잡아 올린 물고기를 다듬고 있었다. 저들은 언제부터 이곳에서 물고기를 잡으며 살아온 것일까? 모르긴 해도 대대로 이어져온 생활일 것이다.

이름도 모를 새들이 저 멀리 강변에서 우리를 기다리고 있었다. 일렬로 나란히 앉아 이쪽을 보고 있는 모양이 우리를 구경하는 것도 같다. 우리는 객이고 저들이 이곳의 주인이니까.

보트는 혹여 동물들이 놀라지 않을까, 수로를 따라서 천천히 움직였다. 호랑이가 섬 밖으로 나오지 못하도록 쳐놓은 펜스들. 그 안쪽에서 사슴 한 마리가 우리를 바라보고 있었다. 호랑이도 배는 채워야겠지만 저 외로워 보이는 사슴이 호랑이의 먹잇감이 되는 일은 없었으면······.

갯벌에서 호랑이 발자국을 발견했다. 말로만 듣던 호랑이 발자국은 거의 일렬로 나 있었는데 가이드가 보더니 이틀 전에 다녀간 흔적이라고 한다. 물가에서 시작해 숲 속으로 기다랗게 이어진 발자국. 발자국의 흔적이 끝나는 저 숲 속에

세계 최대의 맹그로브 숲을 감상할 수 있는 보트 투어

서 벵골호랑이가 우리를 가만히 노려보고 있는 것만 같았다.

보트는 넓은 강을 지나서 좁은 수로로 들어섰다. 수로 양편으로 끝없이 이어져 거대한 숲을 이룬 맹그로브 나무들. 아마존의 우림보다 키는 작지만 양옆에서 멋지게 사열하듯 반겨주는 그 기나긴 행렬은 오래도록 기억에 남을 깊은 감동으로 다가왔다. 어느 시인이 지은 시 한 편이 떠올랐다.

맹그로브 나무들이 물속을 걸어서 온다.
결코 물러서지 않는 해수를 향한 아우성
엄지 앞 끝으로 까치발을 섰지만
물살을 밀어가며 물살이 밀리다가
수많은 목총을 든 병정들처럼 슬픔을 뿌린다.

때 묻지 않은 자연의 깊은 숲 속 하얀 새

맹그로브 나무는 바닷물과 강물이 만나는 곳에서 살아가는 소금기에 강한 나무다. 물속으로 뻗은 나무뿌리에서는 작은 공기방울이 연신 올라오는데, 물고기들은 이 나무뿌리 사이를 은신처 삼아 알을 낳는다고 했다.

맹그로브 숲은 우리에게 이색적인 풍광으로 다가왔다. 더구나 세계에서 가장 큰 순다르반스의 맹그로브 숲을 보트를 타고 유람하는 기분이란…… 사슴과 호랑이, 도마뱀 같은 야생동물들은 숲 속에서 예고도 없이 나타나기도 했다. 마치 순다르반스가 우리에게 주는 깜짝 선물인 것처럼.

보트 투어를 마치고 타이거 캠프로 돌아오니 시계가 아침 10시 반을 가리키고 있었다. 4시간에 걸친 보트 투어로 폐 속이 맑은 공기로 꽉 찬 느낌이었다.

인도에는 '인생의 후반기에는 무거운 짐을 내려놓고 자연으로 돌아가라'는 말이 있다. 꼭 인생의 후반기가 아니더라도 도시 생활이 갑갑하고 어깨에 짊어진 짐이 너무 힘들게 느껴질 때 인간은 누구나 고향을 찾듯 자연으로 눈길을 돌리게 된다.

끝없이 펼쳐진 맹그로브 숲 사이로 잔잔한 강물이 흐르고 이름 모를 새들이 지저귀며 친구가 되어주는 곳. 어디선가 불쑥 튀어나올지 모를 벵골호랑이 때문에 긴장을 늦출 수 없지만 그 또한 자연의 섭리일 것이다.

순다르반스에서는 때 묻지 않은 자연의 깊은 속을 들여다볼 수 있다. 이곳에서는 몸도 마음도, 그리고 영혼까지도 본래의 아이 같은 순수함으로 말갛게 정화가 되는 듯했다.

Taiwan

옥산(玉山, Yushan)

산이 아름다운 이유는 산속에 우리가 모르는 시간들이 쌓여 있기 때문이다. 대만에서 만난 아리산(阿里山)과 옥산에는 내가 그렇게도 만나고 싶었던 시간들이 나무와 숲, 바위라는 이름으로 새겨져 있었다.
한 점에 불과한 인생의 시간을 깨닫게 해준 아름다운 산이었다.

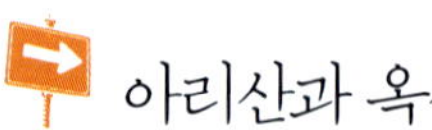 아리산과 옥산

아리산은 특정 산의 이름이 아니라 지역 전체를 일컫는 말이다. 해발 고도가 2,000m 이상 되는 산이 18개나 있는 국가풍경구(國家風景區)이며 대만에서 손꼽히는 산악 리조트 지역을 가리키는 말이다.

타이완의 중남부에 위치한 옥산은 아리산 바로 옆에 위치하고 있다. 국가 국립공원으로 지정돼 있는 옥산은 아리산에서 타타가로 이동하며 옥산 등산을 겸할 수 있는 장점을 가지고 있기도 하다.

아리산은 산악철도, 버스 등의 접근성이 좋고 삼림욕을 할 수 있는 트레킹이 잘 준비되어 있으며, 또한 주산(祝山)에서 일출도 볼 수 있어서 많은 사람이 찾는 곳이다. 옥산은 교통을 비롯한 접근성이 떨어지고 등반하는 사람 역시 비교적 많지 않은 편이라 한가롭게 운치를 즐길 수 있다.

아리산과 옥산 지역에서는 5가지의 경이로운 것들과 만날 수 있다. 그것은 바로 운해, 해돋이, 해넘이장관, 산악철도, 신목 등이다. 아리산과 옥산은 이처럼

죽산 정상에서 바라본 옥산의 운해

아름답고 경이로운 것들과 만날 수 있는 건강 트레킹 지역으로 더욱 사랑받고 있다.

은백색의 옥을 닮은 옥산

옥산이란 이름은 눈이 내리면 은백색의 옥을 닮았다하여 붙여진 이름이다. 이 산은 타이완은 물론 동아시아에서 가장 높은 산(3,952m)으로 아름드리나무들이 빽빽하게 들어서 있다. 3,000m 높이의 주변은 고사목들이 아름다운 자연경관을 만들어 주고 있으며 잘 단장된 등산로도 있다.

옥산국립공원 안에 있는 옥산은 동, 서, 남, 북을 비롯해 여러 갈래의 산봉우리로 이어진 산맥이며 면적은 105,490ha로서 타이완에서 가장 큰 국립공원이다. 옥산에는 몇 갈래의 등산로가 있는데 아리산에서도 오를 수가 있다. 등산로 입구는 해발 2,610m로서 이곳에서 파이윈산장(排運算莊)까지 약 5~6시간 정도 소요되며, 이곳에서 1박 한 후 다음날 새벽에 출발하여 일출을 감상하는 방법이 가장 인기 있는 코스이다. 킬리만자로처럼 별도로 짐을 옮겨주는 포터가 없이 본인이 직접 모든 짐을 짊어지고 가야 하기 때문에 상당히 힘든 등정길이다. 특히 4,000m 급이므로 고산병에 주의해 야 하며 천천히 오르는 것이 가장 좋 은 방법일 것이다.

죽산 정상으로 향하는 길

옥산 정상에서 맞이하는 여명의 아침

아리산과 옥산의 여행 거점도시 지아이

지아이[嘉義]는 북회귀선이 지나고 있어서, 남국의 정취가 물씬 풍기는 아열대와 열대가 섞여 있는 지역이다. 타이완 남부의 도시로서 특히 제재업과 제당업이 발달된 도시이다. 바둑판 모양의 도시는 야자수가 많으며 한낮이면 열대 특유의 불볕더위로 열기를 뿜어낸다. 이곳에서 아리산까지는 세계에서 보기드문 산림철도(약 3시간 30분 소요)와 버스(약 2시간 소요)가 운행된다.

지아이(해발 30m)에서 아리산역(해발 2,160m)까지 계속 올라가야 하므로, 아열대, 열대에서 자라나는 서로 다른 식물들을 볼 수가 있다. 오를 때는 산림철도를 타고, 내려올 때는 버스를 타고 내려오는 것도 각기 다른 아리산의 모습을 바라볼 수 있는 재미가 될 것이다. 옥산은 아리산에서 차량으로 한 시간 이내의 거리에 있으며 옥산의 중심지역인 타타카로 가는 길에서는 옥산의 일출과 함께 옥산으로 이어지는 여러 봉우리와 산맥을 조망할 수 있는 특별한 재미까지 맛볼 수 있다.

옥산의 하이라이트 해돋이

옥산의 해돋이를 보기 위해서는 새벽 5시에는 출발해야 한다. 평소에는 자오핑역에서 주산으로 가는 새벽 일출행 열차가 있었으나 마침 공사 중이어서 걸어 올라가야만 한다는 것이다. 트레킹 거리가 약 1시간 정도 소요된다고 하지만, 깜깜한 밤중에 홀로 야간산행을 한다는 것은 커다란 모험을 수반한다. 아무리 일출 명소라 할지라도 잘 모르는 길이고, 어떠한 난코스가 있을지 알 수 없다. 마침 옥산국립공원 쪽에서 옥산 일출을 볼 수 있다고 해서 다른 일행과 함께 차를 탔다.

차는 어느 이름 모를 신목 앞에 잠시 우리를 내려줬다. 비록 어두운 밤이라 할지라도 커다란 나무의 위엄 앞에 절로 고개가 숙여졌다. 버스는 계속해서 옥산 국립공원의 중심부인 타타카 방향으로 향했다. 가는 도중에 옥산국립공원이란 커다란 돌로 만든 안내판 앞에서 다시 정차했다. 먼동이 트기 전인데도 여기저기서 셔터를 터트렸다.

차가 아리산을 출발한 지 1시간 정도 지나서야 일출 포인트에 정지했다. 마중 나온듯한 대만 전통 옷을 입은 사람이 옥산지역에 대해서 설명했다.

끝없이 이어지는 산맥 가운데 옥산은 가장 높은 곳에서 여러 봉우리를 거느리고 있었다. 옥산의 하늘에는 뭉게구름이 있어서 신비로움을 더하고 있었으며 여명의 아침이 옥산에서 시작되고 있었다. 붉게 물드는 구름 사이로 많은 사람들은 숨을 죽이며 대자연의 용트림을 바라보고 있었다. 산맥과 산맥 사이에서 밝은 빛이 온누리를 밝힐 때, 태양은 옥산 뒤에서 살포시 얼굴을 내밀었다. 세상의 밝음이 시작되는 순간이었다.

옥산의 2700년 된 신목(神木) 앞에서

이렇게 오래되고 큰 나무가 있다는 사실이 숨을 멎게 할 정도다. 수천 년 동안 경사가 급한 계곡 속에 꽁꽁 숨은 이유가 무엇인지 자못 궁금했다. 마치 몇 마리의 용이 승천하는 것처럼 나무 몸체 몇 줄기가 하늘을 향해 올라가는 것 같았다.

신목의 둘레를 재는 것도, 신목의 키를 아는 것도 신의 영역을 침범하는 것은 아닌지…… 신목을 만나러 가는 계단도, 사람들의 접근을 막고 싶은지 몇 그루 나무가 넘어져 앞을 가렸다. 2700년의 세월, 인간의 왜소함은 신목에 비하면 불과 한 점에 불과한데 함께 서 있는 것조차도 왠지 모를 두려움과 무거움으로 다

가왔다.

2700년의 기를 느끼고자 나무줄기에 손을 대봤다. 쉽게 다가오지 않는 나무를 향해 발돋움을 한 끝에 줄기를 잡아도 봤다. 무엇인가 느껴질 것 같아서 잎사귀 하나를 따서 입에 넣어봤다. 측백나무 비슷한 쌉싸래한 맛과 2700년의 향기가 몸 안에서 함께 느껴졌다.

이 신목은 놀랍게도 최근에야 발견되었다고 한다. 도로변에서는 보이질 않고 계곡 밑에 홀로 숨어 있었기 때문이다. 줄기 속에 붉으스름한 몸통이 보인다. 족히 수천 년은 살아온 홍색침나무(red sypress)로, 이 신목은 우리에게 자연을 보호하고, 자연을 사랑함을 넘어서 자연을 존경해야 하는 이유를 분명히 알려주고 있었다.

➡️ 옥산국립공원의 중심부 타타카와 옥산산행의 입구에서

옥산국립공원의 중심부에는 타타카 비지터 센터(visitor center)가 있다. 깊은 숲 속에 자리 잡은 비지터 센터에는 옥산의 역사, 생태, 등산, 수계(水系) 등 옥산에 대한 여러 가지 사항들을 일목요연하게 전시하고 있었다. 특히 나무로 만든 각종 목상(木象)과 나무방아 등이 깊은 인상을 주었다. 옥산과 관련된 영화도 상영되고 있었다. 이곳이 메인 사무소이고, 옥산등산로 입구에 작은 사무소가 있어서 등산인들을 위한 허가와 안내 업무 등을 맡고 있었다. 등산객들의 안전사고를 대비하기 위해서인지 작은 파출소도 있었다.

옥산 등산은 보통 1박 2일로 진행된다. 약 5~6시간에 걸쳐 백운산장에 도착한 뒤, 그곳에서 1박을 하고 새벽에 옥산 정상에 올라 일출을 보는 일정이다. 4,000m 급의 고산지대인지라 일기에 예민할 수밖에 없고, 일기가 좋지 않으면 입산이 금지된다. 등산에 필요한 부식 및 침낭 등 등산장비 일체는 본인이 직접 준비해서 운반해야 한다.

출발지가 2,000m 급의 고산지역이어서 표고차 2,000m 정도로 올라야 한다. 그리고 백운산장에 머무를 수 있는 인원이 한정되어서 미리 예약을 해야 하기 때문에 혼자서 산행하기는 상당히 어려운 지역이다. 우리나라의 산행과는 다르게 입산절차 등도 몹시 까다로운 편이어서 한정된 등산객만 입산할 수 있다.

자연의 불가사의 3대가 함께 사는 나무, 삼대목이 있다

아리산에는 기기묘묘한 나무가 많지만, 3대에 걸친 나무가 한 장소에 모여 있는 것은 그중에서도 매우 진기하며, 자연의 불가사의라 아니할 수 없다.

제1대는 수명이 1만 년 이상, 제2대는 3000여 년, 제3대는 100년이라고 했다. 3대에 걸친 나무들이 서로 겹치고 겹쳐서 자라고 있는 것이다. 제일 오래된 1만 년 이상의 고령 나무는 쉬고 있는지 누워 있는 형태이고, 2대인 3000여 년 된 나무는 몸이 휘어서 둥글게 동굴을 만들고 있었다. 다만 젊은 3대만이 젊은 기상 그대로 하늘을 향해 쭉 뻗어나가고 있다. 그 모습이 우리 인간세상과 겹치는 이유는 무엇일까? 3대가 함께 사이좋게 살라는 교훈은 아닐까? 삼대목(三代木)의 전면에는 삼대목을 지키는 코끼리 나무가 파수병 역할을 하고 있었다.

➡️ 아리산에는 건강 트레일이 있다

아리산 트레일은 건강 트레일이다. 숲 속을 거닐면서 삼림욕을 즐길 수 있기 때문이다.

숲 속에 들어서면 아리산 괴목에 놀란다. 길을 가로 막는 동굴형태의 괴목, 그리고 황금돼지 모습의 괴목에 나도 모르게 움츠린다. 하늘을 찌를 듯 쭉쭉 뻗은 나무들이 수백 년, 수천 년을 자라 아리산 숲 속을 장식하고 있다.

곧이어 눈앞에 나타난 자매담, 길쭉한 큰 연못과 작은 연못이 사이좋게 나란히 있다. 허락받지 못한 사랑을 위해 죽음을 택한 자매의 전설이 깃든 곳이다. 아담한 정자와 맑고 잔잔한 호수는 주위의 나무 그림자를 물속 그득히 받아들이고 있었다. 그 옆으로 3형제 나무가 있다. 사이좋게 한 뿌리에 3형제가 자라고 있었다. 그 반대편에는 역시 4자매 나무가 있다. 한 뿌리에 네 그루의 나무가 자라고 있는 것이다. 자연의 오묘함에 놀랄 뿐이다.

3대가 함께 자라고 있는 삼대목과 코끼리 모양의 괴목과 자은사 절을 지나면 약 3000년 된 아리산의 상징인 신목과 만날 수 있다. 너무 오래되어 지금은 비록 바닥에 누워 있지만 아리산역과 함께 그렇게 아리산을 지키고 있었다.

아리산 산림 등산철도와 숲 속 풍경

아리산 정상에 있는 고산 식물원

아리산의 산악철도

지아이에서 아리산까지 가는 길은 산림철도를 이용하는 방법과 버스를 이용하는 두 가지 방법이 있다.

산림철도는 길이가 약 72km로서 약 3시간 30분이 소요된다. 해발 30m의 지아이에서 출발하여 해발 2,190m의 아리산 종착역까지 운행되는데 본래는 목재를 운반하기 위해 부설되었다. 현재는 여객을 주로 운송하며 디젤기관차가 객차를 이끌며 달린다. 높이에 따라 열대, 난대, 온대, 한대로 바뀌면서 갖가지 나무들과 운행의 장관을 볼 수 있다.

가파른 경사를 올라가는 아리산 등산열차 관광은 웅장한 산악미를 만끽할 수 있다. 페루의 안데스 철도, 인도의 따지링 히말라야 등산철도와 함께 세계 3대 산악철도이며 전 차량에 지방 산악철도라고 여겨지지 않을 만큼 편의시설이 잘 갖춰져 있다.

아리산 산림 등산철도는 일본인이 설계했는데 3개의 지선으로 연결되어 있다. 여행객들은 객차 안에서 수려한 산세와 다양한 기후 변화로 이뤄진 산림 경치를 볼 수 있다. 또한 급경사를 이루는 구간에서는 지그재그형 열차운행 구간이 있어 산악철도 관광의 묘미를 느낄 수 있다.

주산 전망대에서 바라본 옥산

2,488m의 주산 전망대. 별은 멀리서 바라봐야 아름답다고 했던가! 옥산(3,952m)은 동봉(3,940m), 남봉(3,900m), 북봉(3,910m) 등 형제봉우리를 거느리고 있어, 부채살처럼 사방을 내려다볼 수 있다. 운해는 천하 제일풍경을 가릴 듯 말듯, 옥산의 신비로움에 일조하고 있다.

이곳은 타이완에서 가장 유명한 일출 감상의 명소이며, 일출 순간은 물론 그 전후 광경도 아름답기만 하다. 주산 전망대는 자오핑 역에서 기차를 타고 주산 역에 하차하거나 자오핑 역에서 걸어 1시간 정도면 도착할 수 있다. 주산 전망대 인근에는 고산식물원이 있어서 고산지대 식물의 식생을 마음껏 관찰할 수 있다. 주산 전망대에서 하산할 때는 걸어서 삼림욕을 즐기며 천천히 내려가는 것이 좋다. 산에서 본 모든 것과 앞으로 겪을 인간사 모든 것을 생각하면서 말이다.

한 뿌리 3형제 나무

한 뿌리 4자매 나무

Maldives

몰디브(Maldives)

끝없이 펼쳐진 에메랄드 바다, 발을 간지럽히는 백사장,
인도양의 절해고도에 떠 있는 자그마한 리조트,
산호초 사이로 숨바꼭질하는 알록달록한 열대어 등
일상이 화보 같은 아름다운 이곳에서 나만의 세계가 열리고 있다.

몰디브 한국인이 가장 가고 싶은 신혼여행지로 꼽히는 곳. 그렇다면 몰디브의 무엇이 사람들을 견딜 수 없는 유혹에 빠지게 하는 것일까? 몰디브는 인도에서 340km, 스리랑카에서 650km쯤 떨어진 곳에 있는 섬이다. 감청색 바다 위에 에메랄드로 띠를 이룬 섬의 모습이 하늘에서 내려다보면 마치 꽃으로 만든 화환처럼 보인다. 몰디브라는 이름 역시 '섬으로 된 화환'이라는 뜻을 갖고 있다. 약 1,200개의 섬들이 푸른 바다 위에 보석처럼 흩뿌려져 있는데, 섬 주변은 깨끗한 산호초로 둘러싸여 있어 환상적인 풍경을 선사했다. 몰디브의 환상적인 풍경은 예전부터 익히 알려져 있었다. 《동방견문록》의 저자 마르코폴로는 몰디브를 지칭해 '인도양의 꽃'이라 하였으며 중세 아랍의 세계 여행가 이븐 바투타는 '세계 경이로움 중의 하나'라고 하지 않았던가!

그런데 얼마 전부터 몰디브에 또 하나의 수식어가 생겼다. 바로 '지구 최후의 섬 몰디브'가 그것이다. 지구 온난화로 인해 해수면이 상승하면서 수십 년 후에는 몰디브가 사라질 위기에 처해 있다는 것. 해발 1.5m의 낮은 섬들이 물속으로 사라질 것이라는 소식에 몰디브로 향하는 마음이 급해졌다.

●몰디브
정식 이름은 몰디브공화국(Republic of Maldives). 가장 북쪽에 있는 환초는 인도 본토에서 남서쪽으로 약 600km 떨어져 있으며 수도가 있는 말레 섬을 포함한 중심지역은 스리랑카 남서쪽 약 645km 지점에 있다. 285,000여 명의 인구가 살고 있다.

아난타라 몰디브 리조트로 간다

나를 태운 비행기가 몰디브의 국제 공항이 있는 훌훌레 섬으로 향하고 있다. 몰디브가 가까워올수록 몰디브가 인도양의 꽃이라 불리는 이유를 짐작할 수 있었다. 비행기에서 내려다보는 몰디브 주변의 바다는 에메랄드가 주는 오묘함과 청명함을 그대로 드러내고 있었다.

드디어 도착한 훌훌레 공항은 여느 공항처럼 크지는 않지만 국제 공항으로서의 요소는 모두 갖추고 있었다. 훌훌레 공항을 나오자 리조트 담당자들이 관광객들을 안내하는 모습이 보였다. 국토의 99%가 바다이고 약 1,200개의 섬으로 이뤄진 몰디브는 수상비행기가 주 교통수단이다. 공항 북쪽에 수상비행기 이착륙장이 있어서 각 지역 섬의 리조트까지 운항 중이다.

몰디브 여행은 정확하게 말해 '몰디브의 ○○리조트에 다녀왔다'가 옳은 표현일 것이다. 100여 개의 섬에 100여 개의 리조트가 있으니 말이다. 그리고 바로 그것이 몰디브가 신혼여행의 성지로 불리는 이유이다. 자그마한 섬 안에 나만을 위해 준비된 듯한 리조트와 고개만 들면 보이는 바다는 이곳을 두 사람만을 위한 낙원으로 만들어 주기에 충분했다.

나 역시 지상의 낙원을 경험하기 위해 아난타라 리조트로 향하는 스피드 보트에 올라탔다. 훌훌레 섬에서 아난타라 리조트까지는 스피드 보트로 약 30분 거리, 하얗게 일어나는 파도를 벗 삼아 몇 쌍의 신혼여행객과 함께 배를 탔다.

훌훌레 섬을 벗어나자 바다의 파도가 높아지면서 보트가 출렁거리기 시작했다. 몇 개의 섬을 지나니 아난타라 리조트가 보이기 시작하였다. 배가 선착장에 도착하자, 마치 지상 낙원에 도착한 것을 축하하기 위해 한 무리의 사람들이 나타났다. 내가 이곳을 선택한 중요한 이유 중 하나였던 북치는 소년이 등장해 우리를 환영해 주었다. 환영 목걸이를 목에 걸고 나무 다리를 건너니 경치 좋은 리

조트의 리셉션이 나타났다.

세 개의 섬, 세 배의 행복 아난타라 몰디브 리조트

선착장에서 리조트를 향해 걷는 짧은 시간 동안, 나는 이곳이 에메랄드를 간직한 몰디브에서도 가장 밝은 빛을 뿜어내는 섬이라는 사실을 알 수 있었다. 빛나는 태양에 비친 맑은 인도양의 모습과 섬과 어우러져 있는 아난타라 리조트의 모습은 한 폭의 그림처럼 여겨졌다.

이 섬은 본 섬인 아난타라디구와 아난타라벨리 섬, 그리고 가장 작은 섬인 나두 섬으로 이루어졌다. 세 섬 사이에는 셔틀 배가 있어 서로 왕래를 할 수 있다. 한 섬에 한 개의 리조트가 몰디브의 일반적인 형태라면 이곳은 세 섬을 동시에 방문하며 즐길 수 있는 몰디브에서 유일한 곳이다. 세 개의 섬에서 세 배의 행복을 느낄 수 있는 곳이 아난타라 리조트이다.

내가 숙소로 정한 비치 방갈로는 열대우림 숲 속에 있는 방 같았다. 야외에 있는 욕실 창문을 열고 나가면 바로 하얀 백사장으로 연결되어 사람과 자연이 하나가 되는 순간을 만들어주는 곳이었다.

아난타라 리조트를 더 둘러보기로 하고 여장을 풀고 나왔다. 바닷가로 이어진 수상 방갈로와 나무다리를 지나가는 연인들은 마치 한 편의 영화를 찍는 배우처럼 행복해 보였다.

깨끗한 환경을 알려주기라도 하듯 리조트 이곳저곳에서 물에서 유영하는 물고기들을 볼 수 있었다. 1m 가량의 가오리가 수상 방갈로 밑을 유영하는데, 리조트에서 만나는 사람마다 '큰 물고기가 있으니 보라'며 손가락으로 가리켰다. 바닥이 투명유리로 되어 있어 바닥을 유영하는 알록달록한 열대어의 모습도 볼 수 있었다. 지상 낙원과 같은 모습을 보며 여행객들이 이곳에서 2~3주 가량 머무는 까닭을 이해할 수 있었다.

하늘에서 내려다 본 몰디브

바닷속 레스토랑이 있는 콘레도 리조트로 향하기 위해 말레 공항에서 수상비행기에 올랐다. 계류장을 이륙하자마자 코발트색 바다가 눈앞에 펼쳐진다. 코발트색 바다에 푹 빠져 있는데, 나도 모르게 '아!' 하는 탄성이 나온다. 눈앞에 몰디브의 산호초 군락지가 펼쳐진 것. 둥근 형태의 산호초 군락지는 흡사 바다 위에 그려놓은 아름다운 그림 같았다. 자그마한 육지가 있는 곳에는 섬이 형성되어 있고, 그 섬에는 하얀 테두리가 섬을 감싸고 있는 것처럼 보였다. 가히 몰디브의 진면목은 수상비행기를 타고 하늘에서 내려다보는 모습이라 할 만했다.

망망대해에 외롭게 떠 있는 섬이 험한 풍랑에도 견딜 수 있는 것은 산호초 군락지가 섬을 감싸고 있기 때문이라고 한다. 여러 모양의 섬들과 그 주위를 둘러싸고 있는 산호초 군락지는 섬들과 하모니를 이루며 몰디브를 든든하게 호위하고 있었다.

콘레도 리조트에 도착해 세계 최초의 바닷속 레스토랑*으로 들어갔다. 바닷속 레스토랑은 우리나라뿐 아니라 세계적으로 유명한 곳으로 설레는 마음으로 들어갔다.

바닷속 6m의 깊이에 자리한 레스토랑은 그리 크지는 않지만 2m 정도 높이의 돔 형식으로 이뤄진 곳이었다. 투명 아크릴 사이로 산호초 화단이 조성되어 있어 여러 종류의 열대어들이 유영하는 모습이 한눈에 보였다. 바닷속에서 열대어들을 바라보면서 식사하는 기분이 어떨까 궁금해지는 찰나, 돔 바깥 유리를 청

소하고 있는 스쿠버다이버가 눈에 들어왔다. 바닷속에 지어진 만큼 물때가 자주 생겨 이틀에 한 번꼴로 청소를 한다고 하였다. 갑자기 스쿠버다이버가 내게 손짓을 하는 것이 아닌가! 스쿠버다이버가 손짓을 하는 곳을 바라보니 화단 속에 커다란 뱀장어가 숨어 있는 것이 보였다. 그 모습에서 최대한 있는 그대로의 자연을 보여주되 기존에 없던 새로운 것을 만들어내는 콘레도 리조트의 지혜를 엿볼 수 있었다.

콘레도 리조트의 초호화 수상방갈로

콘레도 리조트는 두 개의 섬을 500m 길이의 나무 다리로 연결하여 하나의 리조트를 이용할 수 있도록 하고 있다. 몰디브에서 가장 긴 이 다리는 콘레도 리조트를 두 개의 섬을 이용해 두 배의 행복을 느끼는 곳으로 만들고 있다.

한쪽 메인 섬이 가족들이 주로 즐기는 동적인 리조트라면 다리 건너의 섬은 연인들이 머무르는 정적인 리조트이다. 붙어 있는 섬이지만 한쪽 리조트에서는 멋진 해돋이를 감상할 수 있고, 한쪽 리조트에서는 해넘이를 감상할 수 있다는 점도 이채롭다.

콘레도 리조트에서는 재미있는 일화가 있었다. 콘레도 리조트에 관해 대단히 높은 자부심을 갖고 있는 여성 매니저에 관한 이야기이다.

그곳에서의 첫날, 나는 콘레도 리조트 이곳저곳을 둘러보며 사진을 찍고 있었다. 그런데 여성 매니저가 내게 다가와서 사진을 찍지 말라는 것이 아닌가. 여성 매니저의 말은 '아름다운 이곳의 모습을 날씨가 좋은 날 찍지 왜 하필 오늘처럼 날씨가 궂은 날 찍느냐'는 것이었다. 콘레도 리조트에 관한 그녀의 자부심은 이해를 하였지만 사진을 선택하는 건 내 몫이었다. 그래서 나는 '사진이 좋든 나쁘든 그 판단은 내가 해야 할 일이다'라고 말했다. 그러나 그녀는 막무가내로 찍지 말라고 하였고, 결국 콘레도 리조트에서 직접 찍은 멋진 풍경의 사진을 주겠다고 해서 언쟁을 멈추었다.

곧이어 매니저는 콘레도 리조트의 모든 것을 보여주겠다며 나를 수상방갈로로 이끌었다.

독채로 구성된 수상방갈로는 가족이나 쌍쌍의 연인이 머물 수 있는 양쪽 방으로 되어 있어 두 쌍의 신혼여행객의 투숙이 가능한 곳이었다. 이곳에는 원형 침대가 있었는데 리모컨 작동을 통하여 빙글빙글 돌아갈 수 있도록 하여 사방의 바다를 조망할 수 있었다. 또 커다란 천체망원경이 준비되어 있어서 밤하늘에 떠 있는 별을 보거나 저 멀리 수평선에 있는 배들의 움직임을 살필 수 있다. 초호화 수상방갈로인 만큼 발코니를 나와 보니 개인 수영장도 있다. 뿐만 아니라 별도의 월풀 욕조가 있어 개인 마사지실도 함께 있었고, 마사지실 밑에는 바닥 유리를 통해 지나가는 열대어를 감상할 수도 있었다. 내부 구석구석이 초호화판으로 꾸며져 있는 곳이었다.

하룻밤에 수천 달러씩 하는 이곳에는 과연 어떤 사람이 묵는 걸까?

 말레 섬에서 만난 두건 쓰고 수영하는 여성

말레 섬●은 몰디브의 수도이자 유명한 관광지이다. 수도라고 하면 넓은 면적을 예상하겠지만 말레 섬은 도보로 한두 시간 걸으면 섬 일주가 끝날 만큼 자그마한 곳이었다. 한 가지 특이한 것은 차보다도 오토바이가 많이 주차되어 있다는 점으로 섬 자체가 넓지 않다는 점이 차보다 오토바이가 많은 이유 같았다.

말레에는 이슬람 국가답게 이슬람센터와 금요일 사원(firday mosque)이라 불리는 후쿠루미스키아 사원이 있었다. 마침 말레에 도착한 시간이 금요일이어서 금요 예배에 참석하려는 많은 사람들을 볼 수 있었다. 그런데 수많은 사람들 가운데에서도 여성들의 모습은 볼 수 없었다.

금요 예배에 참석하는 사람들을 지나쳐 말레 섬을 일주하기 시작하였다. 공원에는 여느 연인들과 다름없이 벤치에 누워 휴식을 취하는 남녀를 볼 수 있었다. 조금 지나가자 둑을 막아 놓아 사람들이 수영을 할 수 있도록 만든 인공 해수욕장이 나왔다. 검은 두건(히잡●●)을 쓴 몇 명의 이슬람 여성이 바다 해수욕장에 몸

하늘에서 바라본 몰디브의 수도 말레 섬

을 담고 있어서 나도 여장을 풀고 바닷물 속에 들어갔다. 물은 따스했고, 어린
아이와 부모들이 물장구를 치며 즐거워했다. 그런데 검은 두건과 검은 옷을 입
은 그 이슬람 여성이 갑자기 능수능란하게 수영을 하지 않는가! 옷을 다 입고 거
기다가 검은 두건까지 쓴 여성이 수영하는 모습이 이방인에게는 매우 신기해 보
였다.

Venezuela

엔젤 폭포(Angel fall)

눈앞에 엔젤 폭포가 들어온 순간 기묘한 현상이 일어났다.
하늘에서 내려오는 천상의 명주실, 그리고 그것을 포근하게 안고 있는
구름. 바로 '구름 속의 폭포'였다.
폭포는 하늘과 땅을 이어주는 생명줄처럼 폭포수는 그렇게 다가오고 있
었다.

베네수엘라는 설렘이 가득한 도시이다. 세계에서 미인이 가장 많은 나라답게 도시 곳곳에 미인이 가득하고, 국토의 대부분이 미개발지역인 오지여서 언제 무슨 일이 일어날지 모르는 미지의 환경이 기다리고 있기 때문이다. 베네수엘라의 오지 가운데에서도 오지로 손꼽히는 엔젤 폭포에 설렘을 가득 안고 그곳으로 향했다.

엔젤 폭포는 1937년 미국인 비행사 엔젤이 금광을 찾던 도중 가이아나 분지에 불시착해서 발견한 폭포이다. 979m로 세계에서 가장 높은 폭포인 이곳은 폭포 밑에 물웅덩이가 없는 걸로 유명하다. 약 1,000m의 높이에서 거대한 물줄기가 흩어 내리는 까닭에 물이 지표에 닿기 전에 운무로 변해 사방으로 흩어지기 때문이라는데, 날씨가 좋은 날에는 운무 속 무지개를 감상할 수 있다고 한다. 운무 속 무지개라니, 엔젤 폭포라는 이름처럼 혹 천사들이 살고 있는 곳은 아닐까?

●엔젤 폭포

엔젤 폭포는 현지에서는 앙헬 폭포(스페인어 Salto Angle)라고 불린다. 엔젤 폭포를 가기 위해서는 카나이마에서 엔젤 폭포가 있는 상류 쪽으로 90km를 배를 타고 올라가야 한다. 그러므로 비가 많이 내리는 우기에는 엔젤 폭포에 접근할 수가 없다. 또한 건기에는 물이 적은 탓에 배를 운항하기가 쉽지 않으므로 엔젤 폭포를 가기 위해서는 현지 상황을 잘 파악해야 한다.

하늘에서 바라본 엔젤 폭포의 경이로움

세상 가장 높은 곳에 있는 폭포를 찾아서

엔젤 폭포를 가기 위해서는 거점 마을인 카나이마에 닿아야 한다. 카나이마로 향하는 여정도 그리 녹록한 편은 아니다. 베네수엘라의 수도 카라카스에서 비행기를 타고 푸레토 오다즈(Puerto ordaz)에 내린 후 카나이마행 경비행기로 바꿔 타고 출발을 했다. 끝없이 펼쳐지는 열대우림과 커다란 호수가 펼쳐진 풍광을 40~50분간 보다보면 조그만 마을인 카나이마 공항에 도착한다.

카나이마에서 엔젤 폭포를 보는 방법은 두 가지로 나뉜다. 배를 타고 가 볼 수도 있고, 경비행기를 타고 상공에서 엔젤 폭포와 가이아나 분지를 유람하며 볼 수도 있다. 내가 선택한 방법은 둘 다. 여행을 다니며 내린 결론 가운데 하나가 여행지는 어디에서 보느냐에 따라 그 느낌이 다르다는 것. 신비롭다고 일컬어지는 엔젤 폭포이니 하늘과 땅, 강에서 보는 느낌을 모두 경험해보고 싶었다.

나를 태운 경비행기가 조그마한 산과 강을 넘어서자 수억 년의 세월동안 깎아진 듯한 가이아나 분지가 보였다. 미국인 비행사가 이곳에 불시착한 덕분에 엔젤 폭포를 발견할 수 있었다는 사실을 떠올리니 가이아나 분지의 각양각색 기암 절벽마저 고맙게 느껴졌다.

비행기가 가이아나 분지를 지나자 지금까지 보지 못한 전혀 새로운 것이 눈에 들어왔다. 길이를 가늠할 수 없을 정도로 길게 떨어지는 폭포수, 분명 폭포수가 떨어지는 것 같긴 한데, 시간이 멈춰버린 듯 정지된 느낌이라 물이 아니라 비단 명주실 같았다. 깊은 산속 꽁꽁 숨어 있던 엔젤 폭포, 수천 년을 내려오는 물결, 그것은 하늘이 인간에게 내린 선물, 바로 그것이었다.

폭포 동굴 속에서 바라본 폭포수에 무지개가 피어오른 모습

폭포의 중심 폭포 동굴 속에서

바깥에서 바라보는 폭포의 모습과 폭포 동굴 안에서 느끼는 폭포의 모습은 전혀 다른 경이로움을 느끼게 한다. 카나이마에 있는 살토 폭포 역시 마찬가지였다. 살토 폭포에는 동굴 속으로 들어가는 길이 나 있었다. 물세례를 맞기 위해 수영복을 입은 채 폭포 속으로 들어갔다. 수영복 말고 내가 챙긴 물건이 있으니 바로 카메라였다. 경이로운 모습을 머릿속에만 담고 있기에는 안타까웠기 때문이었다. 카메라를 물에 젖지 않게 하기 위해 비닐 포장으로 단단히 싸맨 후 폭포 물세례를 맞으며 폭포 속으로 들어갔다.

폭포수는 생각처럼 차갑지는 않았지만, 워낙 높은 곳에서 떨어지는 만큼 물살의 힘이 상당히 세게 느껴졌다. 폭포 동굴 안으로 들어가자 마치 억수같이 퍼붓는 소나기를 피해 동굴 안으로 들어간 느낌이었다. 다른 점이 있다면 소나기를 피한 동굴은 언뜻언뜻 바깥세상이 보이지만, 폭포 동굴 속은 바깥세상과 단절된 채 웅장한 폭포수 소리만 들린다는 것. 게다가 쏟아져 내리는 거대한 폭포수량 때문인지 공포심마저 생길 정도였다.

그런데 저쪽에 뭔가 반짝이는 것이 보였다. 살펴보니 폭포수의 물결에 무지개가 피어오르는 것이다. 말로만 듣던 폭포수에 무지개가 피어오른 모습은 신비로움 그 자체였다. 폭포 밖으로 나오기 위해 또 한차례 폭포수를 뒤집어쓰자 이번에는 눈가에 맺힌 물에 무지개가 형성되고 있었다. 눈방울에 맺힌 무지개는 또 다른 아름다움이었다.

아기자기한 카라오 강의 폭포들

엔젤 폭포의 물과 그 주변 산악지대의 물이 모여 카라오 강을 이룬다. 거대한 강물은 수많은 폭포들을 지나서 커다란 강물이 되어 카나이마 호수로 모여들고 있었다. 카나이마 호수에서는 강수욕을 하는 탐방객들도 있었다. 곱디고운 모래 사장이 몇 백미터 형성되어 있어 해수욕이 아닌 강수욕을 하고 있는 것이다.

나는 강수욕을 하는 대신 조그마한 보트를 탔다. 강물 위에서 바라보면 폭포수의 정면을 볼 수 있으리라는 판단 때문이었다. 보트가 속도를 내서 폭포수에 다가갈수록 자연과 가까워지고 있다는 예감이 다가왔다.

배가 출렁거리는 느낌을 받는 순간, 어느새 우리는 폭포수 정면에 닿아 있었다. 힘차게 내리 꽂히는 폭포수 소리는 수천 년을 이어온 오케스트라의 향연 같았다. 인간은 자연 앞에서 나약한 존재라는 걸 들려주는 소리 같았다.

카나이마 호수 한 쪽에 배를 정박하고 또 다른 호수인 살토 호수 쪽으로 트레킹을 시작하였다. 10여 분을 걸으니 살토 호수 앞 모래사장이 나왔다. 그곳에는 나들이를 나온 가족들이 물놀이를 하고 있었다. 10여 분 정도 걸어서 살토 호수 동굴을 들어가 본다. 살토 호수 동굴 속에서 바깥 세상을 바라보는데 그곳에도 폭포수의 친구인 무지개가 있었다. 영롱한 색을 띠고 있는 무지개는 반원이었다가 어느 순간 1/4원을 그렸다가 그렇게 아름다운 모양을 선보이고 있었다. 그렇게 폭포수와 무지개는 앙상블을 이루며 친구가 되고 있었다.

 ## '구름 속의 폭포'를 만나다

카나이마 호수에서 엔젤 폭포를 가기 위해서는 배를 타고 강을 따라 상류로 90km 정도를 올라가야 한다. 우기에는 배의 운항에 문제가 없지만, 물이 적은 건기에는 엔젤 폭포로 가는 뱃길이 없다. 나 역시 한차례의 연기 끝에 엔젤 폭포로 향하는 배를 탈 수 있었다.

약 4시간 정도 걸리는 길이지만, 엔젤 폭포 앞에서 정글 트레킹을 1시간 정도 해야 하므로 당일로 다녀오려면 새벽 일찍 출발해야 한다. 우리는 엔젤 폭포 부근 정글 캠프에서 1박을 하기로 하였으므로 오전 9시경에 출발하였다.

카나이마 로지를 출발한 배 안에는 로지 가족(식사 등 현지 캠프 운영)들과 함께 미국인 부부를 포함해 8명의 인원이 타고 있었다. 20여 분쯤 배를 탔을까, 배에서 내려 트레킹을 시작하였다.

눈앞에 카나이마 평원이 펼쳐졌다. 유유히 흐르는 카라오 강의 모습, 신비로운 대자연의 모습은 처음 방문한 이방인을 넉넉하게 품어주고 있었다. 조그마한 초가집과 오두막집은 자연과 벗하며 사는 그들의 생활 모습을 그대로 보여주고

있었다.

　30여 분의 트레킹을 끝내고 다시 배에 올랐다. 카나이마를 출발한 지 2시간 가량 됐을 즈음 두 갈래 강물이 나타났다. 배가 엔젤 폭포 쪽으로 들어가자 지금까지 300~400m였던 강폭이 몇십 미터로 줄어들고 있었다. 계속해서 엔젤 폭포 쪽으로 올라가는데 강물이 눈에 띄게 줄어드는 것이 보였다. 거의 바닥이 보일 정도였다. 이 즈음부터 앞에 타고 있던 조타수의 손길이 바빠졌다. 강물이 적으면 방향 조타수가 수신호를 해서 물이 많은 곳으로 배의 방향을 틀었고, 물이 적은 폭포수가 나타나면 조타수와 엔진 뱃사공이 함께 내려 배를 물이 많은 곳으로 밀어내며 운항하였다. 이 모습을 보고 있자니 왜 폭포 방문 스케줄을 한차례 연기해야 했는지 이해가 되었다. 지금 이 상황에서 조금만 물이 적어도 배의 통행은 불가능했기 때문이다. 엔진 뱃사공과 방향 조타수의 신출귀몰한 운항 기술에 환호하고 박수치면서 넘버원이라며 격려해 주었다.

그런데 그 순간, 기묘한 현상이 일어났다. 하늘에서 내려오는 천상의 명주실, 그리고 그것을 포근하게 안고 있는 구름, 바로 '구름 속의 폭포'였다. 폭포는 세상 어디서도 본 적이 없는 하늘과 땅을 이어주는 생명줄처럼 그렇게 이방인에게 다가오고 있었다.

대체 얼마나 폭포가 높길래 폭포수가 떨어지는 윗부분은 구름에 숨기고 폭포수의 하반신만 보여줄까? 그렇게 배 위에서 멍하니 감탄하며 바라보고만 있었다. 이곳 강에서만 볼 수 있는 구름타고 내려오는 환상의 폭포, 그 여운을 느끼고 있을 때 배는 어느새 엔젤 폭포 앞에 도착해 있었다.

천 길 낭떠러지 엔젤 폭포 앞에 서다

배 위에서 바라보던 엔젤 폭포를 직접 대면하는 감동을 맛보기 위해 정글 트레킹을 하기로 하였다. 배에서 내려 카메라 등 간단한 소지품만 들고 엔젤 폭포를 만나기 위해 나섰다. 정글 속으로 들어가니 바닥이 나무뿌리로 이뤄진 특이한 길이 있었다. 보기에는 멋스러웠지만 걷기에는 조금 불편했다. 나무뿌리가 있는가 하면 넘어진 큰 나무들이 가로막고 있는 등 무성한 숲이 가득했던 아마존의 정글과는 조금 다른 모습이었다.

조금 걷다보니 오르막길이 나타났다. 이제 본격적인 등산 코스였다. 땀을 흘리며 걷고 있는데 계곡 물소리가 들렸다. 아마도 폭포에 가까워지고 있다는 신호이리라. 오르막길을 걷느라 땀이 흘렀지만 청명한 폭포소리는 그 피로감을 잊게 하기에 충분하였다. 조금만 더 힘을 내 걸으면 세계 최대 높이의 폭포와 마주하게 된다는 기대감이 나를 응원해주고 있는 것 같았다.

　조그마한 언덕에 도착하니 저만치 엔젤 폭포가 보였다. 거의 다 왔다는 기대감에 발걸음에 힘을 줘 전망대에 도착했다. 드디어 눈앞에 나타난 엔젤 폭포. 그렇게 기대하던 엔젤 폭포를 마주 대하니 오히려 할 말을 잃어버렸다. 깊은 산속에서 애타게 사람을 기다리고 있는 듯한 폭포의 웅장함에 할 말을 잃은 것이다. 저 산 너머에는 가이아나 분지가 있고, 그곳의 물을 모두 모아서 한두 곳으로 내려주는 엔젤 폭포는 웅장하다는 말로는 부족할 정도로 위대한 자연의 모습, 그것이었다.

　거대한 폭포의 높이가 주는 위용에 입이 다물어지질 않는다. 약 1,000m의 절벽에서 떨어지는 폭포수는 낙차시간 20여 초를 견디지 못하고 산산히 부서져 안개와 이슬로 산화되고 있었다. 직접 떨어진 곳엔 물웅덩이가 없고, 돌로 쌓여진 돌무더기만이 위에서 떨어지는 이슬을 맞고 있었다. 수많은 이슬이 모이고 모여 돌무더기 속으로 물이 되어 흘러가고 있다. 그리고 새로운 자그마한 폭포를 탄생시키고 그제서야 수백 평 정도의 조그마한 물웅덩이를 만들어 방문객들에게 쉼터를 제공하고 있었다. 저 높은 엔젤 폭포를 넘어서 넓은 카나이마에 불시착한 엔젤은 과연 어떻게 내려왔을까 궁금해진다. 아무리 둘러봐도 1,000여 미터 낭떠러지에서 내려올 곳은 보이지 않는데 말이다.

　그 순간 바람이 분다. 흘러내리는 엔젤 폭포수는 제 몸을 가누지 못한 채 바람에 휩쓸려 똑바로 떨어지지 못하고 옆으로 휘면서 물과 안개가 되어 떨어지고 있다. 그렇게 엔젤 폭포수는 바람에 몸을 맡기며 좌우로 흔들리면서 곡예사 같은 몸짓을 보여주고 있었다.

Ecuador

갈라파고스 제도(Galapagos Islands)

시간이 정지한 섬 갈라파고스지만 사람들의 발길은 끝없이 이어지고 있다. 거북이와 홍학, 바다 사자, 이구아나까지 온통 낯설고 이국적인 생명들이 사람들을 부르고 있기 때문이다. 섬에서 섬으로 이어지는 긴 여행 동안 나는 생명의 경이로움에 몸을 떨었다.

갈라파고스는 남아메리카로부터 1,000km 떨어진 적도 주위의 태평양의 19개 화산 섬과 주변 암초로 이뤄진 섬 무리이다. 찰스 다윈의 진화론에 영향을 준 섬으로, 적도를 끼고 북반구와 남반구에 위치해 있다. 가장 큰 섬인 이사벨라 섬으로 적도가 지나가며, 가장 남쪽의 에스파뇰라 섬과 가장 북쪽의 다윈 섬 사이의 220km에 걸쳐 퍼져 있다.

●갈라파고스

남미 대륙 에콰도르 연안에서 약 1,000여 킬로미터 떨어져 있고 약 20여 개의 섬과 무수한 암초로 이뤄져 있으며 적도에 걸쳐서 동서로 약 200km 넓은 태평양에 산재해 있다. 섬은 대부분 화산의 분화에 의해서 형성되어 있으며, 중심부에 분화구를 가지고 있다. 이 갈라파고스가 세계에 알려진 것은 1859년 찰스 다윈의 저서인 《종의 기원》에 의해서다.

찰스 다윈의 진화론과 갈라파고스의 다양한 섬 여행

갈라파고스는 스페인어로 '거북이'라는 뜻이다. 17세기에 이곳에 왔던 스페인의 탐험가들이 수많은 거북이에 놀라 '거북이 섬'이라는 이름을 붙인 것이다.

찰스 다윈은 1835년 비글호를 타고 이곳 갈라파고스를 방문하여 5주간 머물면서, 섬 고유의 동식물이 환경에 의해서 진화한다는 사실을 발견하고 이 조사를 근거로 후에 진화론이라는 새로운 학설을 주장하였다.

갈라파고스 여행은 배를 타고 각 섬을 방문하여 각종 동식물을 관찰하는 일종

의 '바다 사파리'라고 보면 된다. 크루즈를 타고 1주일씩 돌아볼 수도 있고 산타
크루스의 항에 있는 작은 배를 구해서 각 섬을 여행할 수도 있다.

찰스 다윈은 '섬마다 거북이의 등딱지가 다르다'는 현지인의 말을 듣고 진화론
을 착안하였다. 나뭇잎파리를 먹고 사는 거북이가 고개를 높이 들어 풀을 뜯어먹
다보니 목 부분 등딱지가 위로 솟아나게 된 것이다. 또한 그 시절의 핀치새는 날
개를 잡아도 사람에게 몸을 맡길 만큼 사람의 존재를 인식하지 못하던 때였다.
그 덕분에 찰스 다윈은 핀치새의 부리 역시 마음대로 연구할 수 있었다. '섬마다
다른 핀치새의 부리모양'도 진화론의 핵심 근거가 되었다.

오늘날 갈라파고스와 찰스 다윈은 서로가 떼어 놓을 수 없는 존재이다. 갈라
파고스에 각종 동식물을 연구하는 '찰스다윈연구소'가 있는 것도 그 맥락의 하
나일 것이다.

갈라파고스 관문 발트라 섬에 도착하다

갈라파고스로 가는 길은 만만치가 않았다. 에콰도르 수도인 키토에서 과야길을 경유하여 약 3시간 여행 끝에 발트라 섬에 도착했다. 키토 공항에서 우선 검사비용과 국립공원 입도세를 지불해야 하고, 들고 간 기내 가방은 별도로 소독과정을 거친다. 이외에도 갈라파고스 여행은 까다로웠다.

우여곡절 끝에 갈라파고스의 관문인 발트라 섬에 도착해 신발부터 소독한 뒤 여행의 시작점인 산타크루스 섬으로 향했다. 섬으로 가는 버스를 타고 5~6분을 달리니 선착장이 나왔다. 선착장 벤치에서 잠시 쉴까 했더니 말로만 듣던 바다사자가 주인 행세를 하고 있었다.

동물의 천국이 시작되고 있는 것이다. 선착장 바닷가에는 '꽥꽥'거리며 많은 바다사자들이 시끄럽게 어슬렁거리고 있다. 하지만 나는 곧 버스를 잘못 탔다는 사실을 확인하고 길을 되돌아가는 버스에 올랐다. 갈라파고스의 이방인은 처음부터 그렇게 서툰 여행을 시작하고 있었다.

갈라파고스의 상징, 찰스다윈연구소

갈라파고스에서 가장 큰 마을이 있는 곳으로 항구, 호텔, 여관, 가게 등 각종 섬으로의 여행 등을 할 수 있도록 준비되어 있는 섬이다. 면적은 986km²이며 갈라파고스에서 이사벨라 다음으로 큰 섬이다.

발트라 공항에서 산타크루스 섬으로 가는 선착장까지는 약 20여 분 정도 버스를 타고 적갈색 도로를 달리면 된다. 그곳에서 페리로 갈아타고 500m 정도의 해협을 건너면 산타크루스 섬에 도착한다. 다시 버스를 타고 1시간 정도 섬을 가로 질러서 달리면 갈라파고스에서 가장 큰 마을인 푸에르토 아요라에 도착한다.

우리나라 TV에 소개되기도 했던 한국의 국제협력단(KOICA)이 지어준 카사(Kasa) 호텔로 숙박을 정하고 플로레아나 섬(일명 산타마리아)부터 가기로 했다.

카사 호텔의 픽업 차 나온 여성 매니저에게 찰스다윈연구소를 가고 싶다고 했

더니 매니저가 안내를 자청하였다. 찰스다윈연구소** 입구에서 기념사진 촬영
후 유명한 자이언트 거북을 만나러 오솔길로 들어갔다. 마치 마중이라도 나온
것처럼 거북이 한 마리가 엉금엉금 기어오고 있었다. 그 거북은 길이가 약 1.5m
정도 무게는 약 200kg 정도로 보였다. 다시 한참을 걸어가니 4~5마리의 거북이
가 한 곳에 모여서 먹이를 먹고 있었다. 관리인에게 물어보니 약 100년 이상 오
랜 세월을 견뎌왔으며 최대 무게는 약 270kg까지 나간다고 했다.

다른 우리에서는 바다 이구아나와 육지 이구아나 등이 함께 사육되고 있었으
며 조그마한 식물 온실도 있었다.

**찰스다윈연구소
찰스 다윈이 〈진화론〉을 발표
하여 큰 파문을 일으킨 후, 그
정신을 이어받아 각 국의 다양
한 연구자가 모여서 동식물에
대한 보호관찰을 계속하고 있
는 곳이다. 특히 거북이의 사
육관찰이 활성화되어 있으며
새끼거북과 각 섬의 거북이도
볼 수 있다.

🔶 산타마리아 섬으로 향하다

산타마리아 섬으로 가는 배는 캡틴과 요리사 가이드 3명이 정식 직원이며 약
15명 정도가 승선할 수 있고 섬까지는 1시간 30분이 소요됐다. 산타마리아에 도
착하여 지프차를 개조해 만든 승합차를 타고 고지(high land)로 향했다. 한참 산
을 오르니 약 20여 마리의 거북이가 한 곳에 모여 식사를 하고 있었다. 거북이가
잎사귀를 덥석 문 뒤 서로 찢어서 삼키는 모습은 처음 보는 광경이었다.

그리고 다시 산으로 올라가자 이번에는 모아이(석상)가 나타났다. 아마도 태
평양에서 흩어져 살던 폴리네시아인들이 만들었을 것이라는 생각이 들었다. 물
론 잉카의 돌 문화 기술이 들어왔다고 볼 수도 있다. 에콰도르의 키토가 잉카제
국의 북부 수도였으니 말이다.

 ## 멋쟁이 새 군함새의 어깨동무, 세이모아 섬에서 보다

버스는 각 호텔을 돌면서 세이모아행 탑승객을 태웠다. 버스는 약 20명의 승객을 태우고 산타크루스 북부의 포구에 도착했다. 발트라 섬에서 500여 미터의 해협을 건넜던 그 장소였다.

약 1시간의 여행 끝에 세이모아 섬에 왔다. 접안이 어려워 보트에서 내린 우리를 바다사자들이 무덤덤하게 맞는다. 인간들이 동물들을 손대지 않는 한 그들도 무관심한 것 같았다. 수많은 이름 모를 새들이 하늘을 날고 있었고, 특히 군함새가 눈에 많이 띈다. 군함새는 특이하게 목 밑에 빨간 주머니를 차고 있어서 쉽게 구분됐다. 수컷이 암컷에게 구애할 때는 빨간 주머니를 풍선처럼 부풀린다고 했다. 마침 한 쌍의 군함새를 발견하였다. 수놈이 멀리 하늘 높이 날아가 한 바퀴 휙 돌아 선회하더니 그대로 암컷 둥지에 내려 앉았다. 그 순간 수컷 군함새가 날개를 접지 않고 그대로 암컷을 덮고 있는 게 아닌가! 마치 어깨동무 하듯 날개를 껴안듯이 그렇게 애정 표현을 하는 것 같았다. 어디서도 보지 못할 광경을 이곳 갈라파고스에서 본 것이다.

사람이 다닐 수 있는 1.5m 정도의 좁은 통로에는 더는 안쪽으로 들어가지 못하도록 스톱이라는 팻말이 늘어서 있었다. 조금만 더 안으로 들어가려고 하면 가이드가 주의를 줬다. 자연을 보호하기 위한 노력인 것이다.

그런데 사람이 다니는 1.5m 정도의 통로 한 가운데 오리만한 크기의 새 한 마리가 돌 위에 서 있다.

바짝 다가가도 꿈쩍도 하지 않았다. 누군가가 한마디 해도 꿈쩍하지 않아 결국 이방인들이 옆으로 비켜서 걸어야 했다. 다른 지역을 산책한 후 되돌아올 때까지 그 새는 여전히 자리를 지키고 있었다.

떠나기 전 마지막 날이었다. 갈라파고스에 와서 이사벨라 섬을 방문하지 못하는 것은 어딘가 서운함이 있어서 어떻게든 들어가 보려 했다. 그러나 정기 여객선도 없고 최하 2박은 해야 갈 수 있다고 했다. 고민을 거듭하다 시간 절약을 위해서 이사벨라행 전용 배를 빌리기로 했다.

비용이 적지 않았지만 태평양에서 낚시를 하며 나만의 여행을 해보는 것도 좋은 경험이 될 것 같았다. 마침 세이모아 여행 중인 동양계 유학생 3명을 만났다. 일정을 물어보니 세이모아 섬 북쪽 지역을 여행할 계획이라고 했다. 나는 갈라파고스에서 가장 큰 이사벨라 섬을 함께 여행해보자고 제안하였다. 스노클링을 할 수 있냐고 묻기에 가능하다고 했더니 함께 동행하겠다며 즐거워했다.

갈라파고스의 최대 섬인 이사벨라 섬은 기기묘묘한 화산 섬

새벽 5시 태평양을 향해 어두컴컴한 항구를 출발한 자그마한 낚싯배는 일엽편주처럼 흔들리고 있었다. 나는 물론 동양계 유학생들도 두려움에 떨고 있었다. 망망대해에서 은근히 겁이 났다. 문득 이러다가 생이 끝나는 것이 아닌가 하는 생각까지 들었다.

하지만 태평양으로 떠오르는 웅장한 햇살을 바라보며 배는 무사히 이사벨라 섬에 도착했다. 이곳 화산 섬은 검은 화산재 바위와 바다 이구아나가 엉키고 엉켜 그들의 놀이터가 되어 있었다. 배에서 내려 해변가를 걷다보니 '상어 휴식처이며 수영금지'라는 간판이 보인다.

바닷가를 따라 자연적으로 형성된 긴 수로가 있었다. 수로 옆에는 두 마리의 새끼를 업은 바다 이구아나가 지나가는 인간들을 구경하고 있었다. 물속을 바라보니 길이 1m 정도의 상어가 돌아다녔다. 꼭 대형 메기 같은 모습이었다. 수십

이사벨라 섬의 기기묘묘한 화산재

마리의 상어가 수로를 오가며 휴식을 취하고 있었다.

숲 속에는 바다사자 가족이 머물고 있었으며 우리가 다가가자 바다사자가 다이빙하며 물속으로 사라졌다. 섬에 도착해 현지 음식을 먹고 나자 4마리의 빨강색 플라밍고가 자신들의 서식지에서 휴식을 취하고 있었다. 가까이 가서 사진을 찍어도 모른 척했다. 제 깃털에 주둥이를 묻고 정신없이 잠에 빠져 있는 모양이다. 가이드가 행운이라며 가까이 접근하는 것은 좀처럼 쉬운 일이 아니라고 말했다.

 갈라파고스에도 디스코텍은 있다

갈라파고스 여행의 중심이 되는 산타크루스 섬의 남쪽 끄트머리 중심가에 조그마한 다운타운이 있다. 항구에는 여객선과 조그마한 보트들이 주인을 기다리고 있고 작은 건물들이 정겹게 다닥다닥 붙어 있고, 해변에 근사한 레스토랑이 있어서 운치 있게 식사할 수 있었다.

또한 그곳에는 디스코를 출 수 있는 무대까지 있어서 춤을 추고 술을 마시며 즐길 수가 있었다. 무대에는 라틴계의 경쾌한 음악이 흘렀다. 각국에서 여행 온 사람들이 즐겁게 몸을 흔들어댔다. 한국과는 춤 모양새가 조금 다르지만, 음악에 맞춰서 낯선 외국인들과 함께 몸을 흔들며 그렇게 갈라파고스의 밤은 깊어만 갔다.

United States of America

그랜드 캐넌(Grand Canyon)

그랜드 캐넌과 마주하자 아무런 말이 떠오르지 않았다.
신이 인간을 위해 빚어놓은 걸작품과 그 안에 녹아 있는 수억 년의 세월
이 담긴 형형색색 자연의 이야기에 다만 숨죽여 귀 기울일 뿐이다.

그랜드 캐년으로 향했다. 죽기 전에 꼭 가봐야 할 여행지로 1, 2 위를 다투는 곳, 그랜드 캐년*. 세계인의 마음을 뒤흔들어 놓은 그곳을 꼭 가보고 싶었다. 그랜드 캐년은 미국 애리조나주 북서부의 고원지대가 콜로라도 강의 급류로 인해 침식되어 생긴 거대한 협곡이다. 거대한 협곡이라는 말에서 힌트를 얻었겠지만, 스케일 역시 어마어마하다. 계곡의 길이만 해도 서울에서 부산까지의 거리인 446km이고 깊이는 약 1,500m에 이른다. 4억 년이 넘는 세월 동안 콜로라도 강의 급류로 만들어져 자연의 역사가 고스란히 담긴 살아 숨쉬는 자연사 박물관이라니, 몸은 비행기 안에 있지만 마음은 벌써 그랜드 캐년에 닿아 있는 것 같다.

그랜드 캐년의 거대한 스케일에 놀란 것은 그랜드 캐년을 처음 발견한 이들도 별반 다르지 않았던 듯싶다. 이 웅대한 협곡이 세상 사람들 눈에 처음 띄인 것은 1540년 금을 찾아 미국에 온 스페인 탐험대에 의해서였다. 그들 역시 웅장한 대자연에 감탄해 스페인어로 '거대하다'는 뜻인 '그란데(grande)'라 외쳤고, 이에 착안해 그랜드 캐년으로 불리게 되었다. 그랜드 캐년이 세상 밖으로 알려

펀디 만(Bay of Fundy)

밀물이 들어오면 이곳을 거닐 수 없겠지만 사람들은 카약을 나누어 타고서 마치 경배하듯 이 위대한 바위들 사이를 이리저리 누비고 다닐 것이다. 위대한 대자연의 모습은 그처럼 언제나 감동 이상의 전율을 선사했다.

캐나다는 대자연의 매력에 푹 빠질 수 있는 매력적인 나라 중 하나다. 남한의 100배에 달하는 약 1,000만 km²의 넓이에 인구는 3,000만 명 정도가 살고 있고, 서쪽으로는 안데스 산맥이 태평양과 마주하고 동쪽으로는 대서양과 마주하고 있다.

큰 호수들이 많아 세계적으로 유명한 나이아가라 폭포를 만들었고, 가을에는 아름다운 단풍 길인 메이플 로드가 수백 킬로미터나 이어져 장관을 이룬다. 또 겨울에는 내린 눈이 녹기도 전에 쌓이고 또 쌓여 하얀 설국이 된다.

대자연의 오묘한 변화와 아름다움에 시간의 흐름도 잊을 만한 이 나라의 남동쪽에는 대자연이 빚어낸 또 하나의 걸작, 펀디 만이 자리하고 있다.

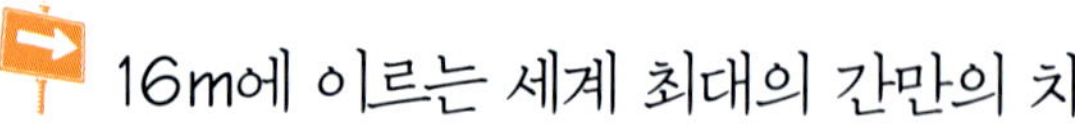 16m에 이르는 세계 최대의 간만의 차

달은 지구로부터 평균 38만 4,400km나 떨어져 있지만 인력으로 지구의 바닷물을 세게 끌어당겨 밀물과 썰물 현상을 일으킨다. 그렇다면 지구상에서 간만의

이곳에서 펀디 만을 통해 들어온 바닷물이 강과 만나 거대한 역류 현상을 일으
키는 '리버싱 폴스'를 볼 수 있기 때문이다. 세계 최고의 조차로 인해 나타나는
이 거대한 역류 현상은 세계적으로도 유명한 볼거리다.

눈 오는 날, 리버싱 폴스에서

바다를 향해 막힘없이 흘러내려가던 세인트 존 강의 강물이 더 나아가지 못하
고 멈칫하는 것 같았다. 밀물 때가 되어 펀디 만을 통해 바닷물이 밀려들어오기
시작한 것이다. 강물도 바닷물도 서로 한 치의 양보 없이 대치하는가 싶더니 결
국 강물이 바닷물에 꺾이는 것 같았다. 이 거대한 역류 현상은 하얀 물보라와 함
께 폭포를 만들어냈다. 리버싱 폭포, 하루에 단 두 번밖에 볼 수 없는 이색적인
폭포의 장관에 지켜보는 이들은 너도나도 탄성을 질렀다.

바닷물이 빠져나가는 썰물 때가 되면 전세는 역전된다. 강물이 밀려와 바닷
물과 잠시 대치 상태를 이루는 듯하더니 곧 강물이 바다로 흘러내려가기 시작했
다. 물이 빠질 때는 강의 흐름이 거세지면서 폭포수처럼 빠른 속도로 바다를 향
해 흘렀다. 마치 강물이 억눌렸던 감정을 있는 힘껏 쏟아내어 바닷물에 분풀이
를 하듯이 말이다.

다리 아래에는 사람도 많지만 그보다는 새들이 조금 더 많아 보였다. 아주 오
래 전부터 이 특별한 장소를 무대로 삼아 삶을 꾸려왔을 그들. 리버싱 폴스에서
볼 수 있는 이채로운 광경 중 하나는 바로 새들이 물스키를 타는 모습이다. 물의
흐름에 작은 몸을 맡긴 채 신나게 물스키를 타던 녀석들은 소용돌이가 위험한
줄은 아는지 그쪽으로 가면 잽싸게 몸을 움직여 저만치로 달아나버렸다.

새들의 장난을 즐거이 감상하고 있는데 어느 틈엔가 눈이 오기 시작하더니 앞

이 안 보일 만큼 펑펑 쏟아져 내렸다. 강 건너 언덕 위에 서 있던 집들은 어디로 숨었는지 보이질 않고, 새들도 하나둘씩 떠나갔다. 강물조차 보일 듯 말듯 몸을 숨기고 새하얀 세상 속에 남은 건 오직 나 혼자뿐인 것 같았다.

　하지만 눈에 안 보인다고 해서 존재하지 않는 것이겠는가. 가만히 귀 기울여 마음을 열어보니 강물은 여전히 흐르고 다리 밑에 남은 새들은 청아한 목소리로 작은 화음을 만들고 있었다.

펀디 만의 바위에 몰래 숨어 있는 물개의 모습

 ## 강물과 바닷물이 만나는 곳에서 보트를 타다

리버싱 폴스에서는 보트를 타고 조수의 차를 직접 온몸으로 느끼면서 주변을 둘러볼 수 있다. 리버싱 폴스 다리 아래에서 보트를 타고 세인트 존 항구까지 갔다가 다시 리버싱 폴스로 돌아오는 코스였다.

보트 위에서 세인트 존 강과 펀디 만에서 밀려오는 물결을 느끼니 저만치서 구경할 때와는 달리 새로운 감각이 열리는 듯했다. 바닷물은 계속 내달려 세인트 존 강 안쪽으로 밀려 들어오고 강물은 그 기세에 밀려 무기력하게도 흐름을 거스르고 있었다.

보트는 리버싱 폴스의 다리를 바라보면서 넓은 펀디 만으로 빠져나갔다. 만약 엔진을 끈다면 조류에 밀려서 세인트 존 강 상류로 계속 밀려 올라갈 것이다.

좁은 계곡이 나타나고 그 위에 세워진 전망대가 보였다. 물속을 들락거리는 물개의 선한 얼굴이 우리를 반겨주는 듯했다. 어딘가에서 불쑥 고래가 물 위로 모습을 드러내지는 않을까. 대자연의 경이로움으로 가득한 그곳에서는 잠시도 한눈을 팔 수가 없었다.

점점 가까워지는 세인트 존 항의 모습. 오래 전부터 해상무역으로 번성한 항구는 기근으로 시달리던 아일랜드인을 받아들이고, 독립전쟁에 패한 로열리스트를 품에 안아주었다. 마치 어머니와도 같이 넉넉한 품으로 말이다.

펀디 만에서 고래를 만나다

펀디 만에서 배를 타고 나가 직접 고래와 대면한다는 건 매우 흥분되는 일이다. 바닷물과 강물이 만나는 펀디 만은 수많은 어종이 몰려 있어 고래에게는 먹잇감이 풍부한 최적의 서식처일 것이다.

세인트 존에서 차를 타고 1시간쯤 서쪽으로 가다보면 세인트 앤드루스라는 자그마한 항구가 나온다. 그림 속에 나올 법한 이 예쁜 마을에는 몇 군데의 고래 구경사무소가 있다.

정말 고래를 볼 수 있을까. 미심쩍은 마음으로 티켓을 받는데 10여 종의 고래가 소개된 일람표를 함께 쥐어줬다. 3m의 돌핀고래부터 30여 미터나 되는 파란색 고래까지, 그토록 많은 종류의 고래가 있다는 걸 그때서야 알았다.

20~30명을 태운 유람선은 펀디 만으로 향했다. 고래를 볼 생각에 다들 들떠

보였는데, 섬 위에 무리를 지어 앉은 물개가 먼저 모습을 드러내자 다들 즐거운 듯 환호를 했다.

바다로 나온 지 한 시간 정도 지났을까. 배는 천천히 속도를 줄이고 무리 중 누군가 '고래다!' 하고 외치는 소리가 들렸다. 아주 작은 새끼 고래가 바다 위로 등을 내밀었다가 금세 물속으로 들어가 버렸다. 그때 저 멀리 시커먼 고래등이 보이자 사람들은 다시 그쪽으로 고개를 돌렸다. 길이가 약 10m 정도 되는 밍크 고래, 고래의 움직임이 생각보다 민첩해서 카메라 셔터가 그를 따라잡기 벅찰 정도였다.

위대한 자연이 조각해낸 놀라운 걸작 호프웰 록스

대자연의 오묘한 현상은 인간이 생각지도 못한 놀라운 걸작을 곧잘 만들어내 곤 하는데, 펀디 만의 극심한 차는 플라워포트 록이라고도 불리는 기암괴석 호 프웰 록스를 창조해 놓았다.

세계에서 가장 큰 조수로 인해 오랜 시간에 걸쳐 조각된 이 바위들은 펀디 만 의 바닷물과 페티코디악 강이 만나는 곳에 자리 잡고 있다. 호프웰 록스를 만나 기 위해 멍크턴°으로 향했다.

페티코디악 강을 따라서 호프웰 록스까지 가는 강변 드라이브 코스는 풍광이 매우 뛰어났다. 무엇보다 나무로 만들어진 건물들이 무척이나 아름답고, 기차가 다니는 다리도 받침대를 나무로 만들어 주변의 자연과 함께 인상적인 풍경이 연 출되었다.

호프웰 록스에 도착하니 사무실 앞에 안내 간판이 하나 걸려 있었다. 밀물과 썰물의 시간을 알려주는 표였다. 호프웰 록스에 내려가 구경을 하다 갑자기 밀물이 들어오면 위험하기 때문이다. 그렇지만 밀물이라고 호프웰 록스를 감상하지 못하는 건 아니다. 카약을 타고서 기암괴석 사이를 누빌 수 있으니 그 또한 무척 색다른 경험이 될 것이다.

숲 속 산책로를 따라서 10분 남짓 내려가니 강과 바다가 마주치는 곳에 커다란 기암괴석의 무리가 보였다. 각양각색의 형상을 한 바위들은 '플라워포트 록'이라는 별칭마냥 화분 혹은 집 앞에 만들어놓은 꽃밭처럼 아기자기한 모습이다.

두 개의 바위가 서로 붙어서 구멍을 이룬 러브 아치, 코끼리, 공룡, 개미핥기, 심지어는 이티의 머리처럼 생긴 바위까지 신비로운 형상으로 다듬어진 바위들이 무리를 이룬 가운데 장모님 바위가 그들을 거느리고 있었다. 이곳의 차는 10~14m 정도. 오랜 세월동안 자연의 거친 본능으로 인해 깎이고 깎인 바위들은 누가 보아도 신의 걸작임에 틀림이 없었다.

마침 썰물 때라서 아래로 내려가 호프웰 록스 사이를 거닐어보았다. 위에서 내려다보던 바위의 구멍은 막상 내려와 가까이서 보니 사람 키의 두세 배쯤 되는 거대한 크기다. 강변에 말없이 서 있는 기기묘묘한 기암괴석들. 오랜 세월 그 자리를 지켜왔을 그들의 머리 위로 파란 나무들이 정겹게 자라고 있었다. 플라워포트(화분)의 모습 그대로 말이다.

방금 물이 빠진 터라 바닥에서는 습기가 느껴졌다. 곧 밀물이 들어오면 이곳을 거닐 수 없겠지만 사람들은 카약을 나누어 타고서 마치 경배하듯 이 위대한 바위들 사이를 이리저리 누비고 다닐 것이다. 위대한 대자연의 모습은 그처럼 언제나 감동 이상의 전율을 선사해준다.

Puerto Rico

엘윤케(El Yunque)

사방천지가 온통 구름과 안개, 비로 덮이고 사이사이로 짙푸른 숲이 눈에 띄었다. 열대우림의 작은 나무들이 이 비를 맞으며 커가고 있으리라.
카리브 해 한가운데 우뚝 솟은 엘윤케 정상
흘러가는 구름은 이곳에서 부딪쳐 끊임없이 비를 쏟아 붓고 있었다.

•푸에르토 리코
'푸에르토 리코(Puerto Rico)'라
는 명칭은 16세기 스페인의 초
대 총독 보세드레용이 지은 것
으로 '부유한 항구'라는 뜻이
다. 이곳의 국민은 주로 스페
인인과 아프리카인의 혈통이
섞인 혼혈족이다.

••엘모르 요새와
　산크리스토발 요새
1539년 착공하여 1783년에
완성된 엘모르 요새는 세계적
으로 유명한 곳이다. 미로와
같은 터널로 이루어져 있으며
요새에서 바라보는 카리브 해
와 시내 전경이 매우 아름답
다. 엘모르 요새보다 조금 작
은 산크리스토발 요새는 1772
년에 완공되었는데, 아름다운
카리브 해를 조망할 수 있으며
섬을 따라 내려오는 소공원 안
에는 콜럼버스 동상이 있다.

카리브 해 연안에 있는 섬 푸에르토 리코•. 이 섬의 동쪽에 해마다 5,000mm나 되는 엄청난 양의 비가 내리는 열대우림 엘윤케가 있다. 카리브 해안의 비와 바람은 그토록 무성한 열대우림을 잉태해 우리로 하여금 '생의 감동'을 새삼 깨닫게 하고 있다.

엘윤케 여행의 거점도시는 수도인 산후안이다. 산후안은 잘 개발된 현대적인 도시에 리조트, 카지노, 아름다운 해변 등이 어우러진 매혹적인 곳이다. 특히 유럽과 중남미를 잇는 전략적 요충지로서 엘모르 요새와 산크리스토발 요새•• 등이 축조되어 있는데, 과거 미국은 이 요새를 뚫고 스페인 군대를 물리쳐 오늘날까지 푸에르토 리코는 미국의 자치령으로 남아 있다.

엘윤케에 가려면 산후안에서 차로 약 1시간 거리를 달려야 한다.

다양한 생태계를 품은 소중한 숲

열대우림은 적도를 중심으로 분포하는 그린벨트 지역으로 지구표면의 약 7%

산크리스토발 요새의 매혹적인 모습

밖으로 나와 이제 슬슬 걸음을 옮기기 시작했다. 한두 명만이 지나갈 만큼 좁은 오솔길을 따라서 천천히 숲 속을 걷는데 어느덧 하늘에서는 비가 내려온다. 아, 이보다 더한 운치가 어디 있을까. 빗속에서 느릿느릿 숲 속을 산책하는 동안 평생 잊을 수 없는 추억 하나가 오롯이 새겨졌다.

산의 높이가 달라지면서 새롭게 등장하는 나무들은 발걸음을 더욱 즐겁게 해주는 소중한 친구들이다. 10여 미터나 우뚝 솟은 야자수 사이로도 비는 하염없이 내렸다. 지금쯤이면 해가 그리울 듯도 하건만 산등줄기에 걸린 구름은 걷힐 줄 모르고 하늘은 구멍이 나버린 듯 굵은 빗줄기를 계속 퍼부어댔다. 여기저기서 흘러나온 계곡물은 저마다의 화음을 자랑하며 아랫동네로 연신 흘러내렸다.

어느 이름 모를 방문객이 내게 반갑다며 엄지손가락을 치켜세운다. 어떤 이는 비를 맞으며 폭포가 일으키는 시원한 물보라를 가만히 바라보고, 또 어떤 이는 그 폭포수에 뛰어들어 물놀이를 즐겼다. 그리고 들것에 누워 실려 가는 어느 여인의 절규, 사람들의 웅성거리는 소리…… 비가 내리는 열대의 숲 속은 세상사 복잡한 사연들을 그렇게 씻어내고 있었다.

목표는 엘윤케 정상

산행의 목적지는 엘윤케 정상이다. 정상에 오르면 엘윤케의 열대우림을 한눈에 내려다볼 수 있고 카리브 해의 아름다운 광경도 볼 수 있을 것이기 때문이다. 정상에 오르려면 먼저 브리튼 타워까지 가야 한다.

가이드와 함께 입구에 도착하니 사람은 보이지 않고 안내판과 함께 산으로 오르는 좁은 오솔길만이 보였다. 안내판에는 '혼자 산에 오르지 말라'는 문구가 적혀 있었다. 현지 가이드는 여기까지가 자기 할 일이라며 돌아가려 하고, 나는 도

•브리튼 타워

열대우림 속을 거닐며 바라보는 풍경도 물론 아름답지만 높은 언덕배기에 위치한 타워에서 내려다보는 짙푸른 숲은 또 한편의 거대한 감동을 선사한다. 엘윤케에는 산중턱에 요카후 타워와 정상 가까이에 브리튼 타워가 있는데, 요카후 타워는 차량이 쉽게 접근할 수 있어 많은 사람이 방문하는 반면 브리튼 타워는 높은 곳에 위치해 한적한 편이다.

저히 혼자서는 산을 오를 자신이 없었다. 비가 내리는 오솔길을 혼자서 올라간다는 건, 더군다나 그것이 외국이라면 더욱더 위험천만한 일이기 때문이다. 하는 수 없이 다른 코스로 가기 위해 되돌아가려는데 차 한 대가 도착하는 모습이 보였다. 가이드가 가서 물어보니 반갑게도 산에 오르겠다고 했단다.

가이드를 돌려보내고 나서 차에서 내리는 사람들을 보니 젊은 남자와 2~3살 된 아기를 안은 엄마였다. 때마침 비가 그치긴 했어도 이곳이 열대우림인지라 언제 또 비가 내릴지 모를 일이다. 아기가 괜찮겠느냐고 물으니 문제없다고 한다. 우비에 우산까지 이중으로 준비한 나에 비해 그들은 소풍 온 듯 가벼운 차림으로 그렇게 함께 산에 오르기 시작했다.

산 중턱에 펼쳐진 엘윤케의 숲은 지금까지와는 또 다른 경치를 보여주었다. 무성한 나무들이 '숲 속의 굴'을 만들어내어 마치 동화 속에 빠져든 듯 황홀함을 연출했다. 옆에서 부부가 연신 아주 훌륭하다고 외칠 만큼 정말로 아름다웠다.

한 20~30분쯤 올랐을까. 우려했던 대로 비가 내리기 시작했다. 어린아이를 비 맞게 할 수는 없기에 아기엄마는 도로 내려가겠다고 했다. 내 우산을 빌려주겠다고 해도 그냥 빨리 내려가겠다고만 하는데, 나도 혼자서 산을 오를 수는 없는 일이라 어쩔 수 없이 산행을 포기하고 올라온 길을 내려가기 시작했다.

10여 분쯤 내려가니 우비 입은 부부가 산을 오르는 모습이 보였다. 그래서 또다시 그들과 일행이 되어 산을 오르기로 하고는 같이 내려온 부부와 작별인사를 나누었다.

어쨌든 우여곡절 끝에 엘윤케를 오르게 되었지만 새로 동행하게 된 부부도 정상까지는 안 가고 브리튼 타워까지만 간다고 했다. 그래도 얼마나 감지덕지인가! 함께 갈 일행이 있다는 것이 이토록 행복한 일인 줄 미처 몰랐다. 셋이서 이런저런 이야기를 나누면서 걷다보니 어느덧 열대우림을 조망할 수 있는 브리튼

타워에 도착을 했다.

깊은 숲 속에서 홀연히 나타난 브리튼 타워는 중세의 어느 고성과도 같은 분위기를 풍겼다. 둥근 형태로 생겨서 계단을 올라 창문을 통해 사방을 조망할 수가 있었다.

눈앞에 펼쳐진 건 오직 안개로 덮인 열대우림뿐, 그 모습이 무척이나 신비로웠다. 비가 그치고 안개가 걷힌다면 더 멋진 숲을 조망할 수 있지 않을까. 저 멀리 카리브 해를 바라볼 수도 있을 텐데…… 하지만 비가 내리지 않는 열대우림은 아무래도 제멋을 느끼기가 어려울 것 같았다.

정상에는 구름과 비바람말고는 아무도 없었다

동행자는 아무도 없었다. 비가 계속 내리는데 아무도 산 정상까지는 오르지 않는 게 당연할 테고, 또 타국에서 모르는 길을 따라 산행을 한다는 것이 무모한 일인 것도 분명했다. 하지만 때로는 그 무모한 일이 '위대한 탄생'을 예고할 수도 있다는 게 내 신념이기도 했다.

아무튼 브리튼 타워의 표지판이 놓인 갈림길에서 나는 고민하고 있었다. 함께 올라온 미국인 부부는 이미 산을 내려가고 주위에는 아무도 없었다. '혼자 산에 오르지 말라'는 안내문구가 계속 마음에 걸렸지만 미지의 세계에 대한 동경과 호기심이 결국 나를 정상으로 이끌고 있었다.

다행히 정상으로 가는 길은 자동차 한 대 정도는 다닐 수 있을 만큼 도로 폭이 넓은 편이었다. 비를 맞으면서 한참을 걷자니 지금껏 보아온 것과는 또 다른 새로운 열대우림이 나타났다. 아름다운 나무와 수줍은 꽃들, 그들을 벗 삼으며 다시금 걸음을 재촉했다.

숨이 차오르면 잠시 빗속에 서서 휴식을 취했다. 혼자였지만 짙푸른 숲과 길가에 이어지는 작은 폭포들, 그리고 이름 모를 새들의 지저귐이 길 위에 홀로 선 이방인을 다독여주었다.

멀리서 송신소의 소음이 들려왔다. 사람이 있을 거라는 생각에 나도 모르게 발걸음이 가벼워졌다.

엘윤케의 정상에는 타워만 서 있을 뿐 사람의 기척이라곤 없었다. 우여곡절 끝에 해발 914m 정상에 도착했건만 문명의 이기인 송신소에서 들려오는 소음만 귀를 어지럽힐 뿐이었다. 반겨주는 이라곤 앞을 가린 구름과 비, 그리고 바람뿐이었다.

타워에 올라가보았지만 열대우림도 카리브 해의 모습도 구름에 가려 잘 보이질 않았다. 사방천지가 온통 구름과 안개, 비로 덮이고 사이사이로 짙푸른 숲이 눈에 띄었다. 열대우림의 작은 나무들이 이 비를 맞으며 커가고 있으리라. 카리브 해 한가운데 우뚝 솟은 엘윤케 정상, 흘러가는 구름은 이곳에서 부딪쳐 끊임없이 비를 쏟아 붓고 있었다.

어디선가 '호르르' 하는 앵무새 소리가 들리더니 그 뒤를 따라 호루라기 소리가 들렸다. 문득 경찰인가 싶었는데 그와 비슷한 새소리였다. 홀로 정상에 방문한 나를 반겨주는 것인가. 하지만 계속 불어오는 비바람에 새들도 멀리 날아가 버렸다.

끝도 없는 비와 바람은 결국 우산살마저 꺾어놓으며 어서 빨리 내려가라고 재촉을 해댔다. 그렇게 비바람에 밀려 하산하는 길, 얼마쯤 내려오니 거짓말처럼 비가 멈추고 사람들이 몇 명씩 무리지어 산에 오르는 것이 보였다. 그들은 개선장군처럼 홀로 내려오는 내게 정상은 어떠냐고 한마디씩 던졌다.

"조금만 더 오르면 정상이 나타날 것이고, 이제는 비가 그쳤으니 멋있는 전경이 당신을 기다리고 있을 겁니다."

아무도 가보지 않은 미개척지를 다녀온 사람마냥 나는 의기양양하게 산을 내려왔다.

Australia

그레이트 배리어 리프
(Great Baerrier Reef)

그곳은 살아 있는 바다였다.
지구에서 가장 큰 산호초 군락 아래로 바다 생명들이 꿈꾸듯 헤엄치고 있었기 때문이다. 또한 산호초 군락을 만난 사람 역시 기쁨의 탄성을 멈추지 않았다. 신의 색깔로 빚은 바다, 그레이트 배리어 리프가 바로 그곳이다.
흘러가는 구름은 이곳에서 부딪쳐 끊임없이 비를 쏟아 붓고 있었다.

살아 있는 바다, 호주 퀸즈랜드 그레이트 배리어 리프˙를 만나고
왔다. 그 바다의 표면을 멋지게 수놓는 살아 있는 산호초의 아름다움은 인간이
만든 어떠한 물감으로도 표현할 수 없다. 내가 본 그레이트 배리어 리프 산호초
군락은 신이라는 화가밖에는 그릴 수 없는 걸작 중의 걸작이었다.

산호초는 분명 물속에 존재하지만 하늘에서 내려다보면 마치 물 위로 돌출된
것처럼 보인다. 그 바다 안에 아름답게 숨어 있는 '사랑마크 산호초'와 '세계 7대
자연경관 후보'들을 만나는 일은 신이 주신 걸작품을 감상하는 가슴 설레는 일이
었다.

그레이트 배리어 리프는 길이 약 2,000km, 폭 30~200km, 넓이 300만 ha에 이
르며 약 900개의 섬과 3,000곳이 넘는 크고 작은 산호초 군락이 무리져 있는 곳이
다. 이 군락들은 유네스코 세계자연유산으로 지정되어 있으며 세계자연유산 중
가장 큰 규모여서 우주에서도 그 모습을 확인할 수 있을 정도라고 했다.

그레이트 배리어 리프를 눈에 담을 수 있는 가장 좋은 방법은 역시 경비행기
를 타고 하늘로 올라가는 것이다. 수면을 활주로 삼아 조그만 수상비행기의 날

•그레이트 배리어 리프
호주 북동 해안을 따라 발달한 산호 군락으로 뛰어난 경관과 다양한
해양생물을 품고 있는 곳이다. 400여 종의 산호초와 1,500여 종의
어패류, 4,000여 종의 다양한 생물군이 더 아름다운 경관을 만들어
주고 있다. 1981년 유네스코에서 세계자연유산으로 지정했다.

개에 의지한 채 세계에서 가장 아름다운 무늬의 바다를 선회하는 것은 마치 신의 영역 안으로 들어가는 것 같았다.

그레이트 배리어 리프의 여정은 산호 군락 중심지에 있는 최대의 리조트 아일랜드인 해밀턴 섬을 향해 출발하는 것으로 시작됐다.

사랑마크 산호초가 기다리는 해밀턴 섬

호주의 해밀턴 섬은 거대한 산호초 군락과 함께 사랑마크 산호초, 세계에서 아름다운 흰 모래의 화이트 헤븐 비치가 있는 곳이어서 국내외 많은 여행객들이 자주 찾는 곳이다.

특히 '사랑마크 산호초'는 신혼부부들에게 가장 사랑받는 곳이다. 신이 허락한 '영원히 사랑하라'는 메시지를 이곳에서 전해 받을 수 있기 때문이다.

해밀턴 아일랜드는 산호초 군락 중앙에 위치하고 있는 휘트선데이 제도 74개 섬 중에서 가장 크고 아름다운 곳이다. 위치는 케언즈에서 남쪽으로 약 500여 킬로미터, 퀸즈랜드 주도인 브리즈번에서는 북쪽으로 약 1,100km 정도 떨어져 있는 곳이다.

해밀턴 섬은 남북으로 4.5km, 동서로 3km 크기의 섬으로 섬 면적 70%가 열대우림으로 둘러싸여 있어서 캥거루 등이 뛰어놀기도 한다. 아름답고 전망 좋은 곳이 많아 걸어도 좋고, 전기차인 버기를 빌려서 즐거운 시간을 보낼 수도 있다. 또한 해수욕장, 풀장 등이 잘 갖추어져 있어 가족이나 연인과 함께 멋진 시간을 예약할 수 있다.

해밀턴의 수상비행기 도크장을 이륙한 비행기는 이제 막 혼인을 마친 10여 명의 아름다운 신혼부부들과 함께 날아오르고 있었다. 해밀턴의 아름다운 섬을 공

해밀턴 아일랜드의 아름다운 해변 풍경

중에서 바라보는 일은 얼마나 아름답고 행복한 일인가? 해밀턴 아일랜드, 백사장과 요트장, 리조트 수영장, 그리고 전망대 주위의 아름다운 섬이 어울려 해밀턴 섬은 한층 더 아름다운 자태를 뽐내고 있었다.

그리고 이제 조금만 기다리면 우리 앞에 모습을 드러낼 산호초 군락, 사랑마크 산호초, 그리고 화이트 헤븐 비치 등이 마음을 더 설레게 만들고 있었다.

수상비행기는 후크 모양을 한 후크 아일랜드와 휘크선데이 제도의 여러 섬을 지나 북으로 북으로 날아갔다. 40~50분 정도 지나자 드디어 산호초가 보이기 시작했다. 그리고 곧이어 모습을 드러낸 거대한 산호초 군락. 아, 가슴이 먼저 뭉클해졌다. 혹시 어디선가 꿈에라도 본적이 있을까?

거대한 아름다움이 넓디넓은 바다 위에 펼쳐지고 있었다. 바다 그림에 취한 감흥이 채 가시기도 전에 산호초 군락 속에 숨어 있던 '사랑마크 산호초' 가 수줍게 모습을 드러냈다.

그레이트 배리어 리프의 심볼인 사랑마크 산호초와 처음 인사를 나누는 순간이었다. 수상비행기 기내가 들썩인다.

"저기야, 저기라니까……"

저렇게 아름다운 자연을 누가 만들었을까? 인간이 아니라 신이 만들었겠지! 사랑마크가 전하는 것처럼 자연을 사랑하고, 인간을 사랑하라고 간절히 기원하고 싶다. 사람의 인생에서 그래도 가장 오랫동안 기억되는 것이 사랑일 테니까.

천국의 바닷가 화이트 헤븐 비치로 간다

사랑마크 산호초를 눈에 가득 담은 후 아름다운 화이트 헤븐 비치가 있는 화이트 선데이 섬으로 향했다. 발밑 거대한 산호초군에는 인간이 만든 조그만 배가 정박해 바닷속 스노클링과 다이빙을 즐길 수 있도록 도와주고 있었다.

10~20분만 더 남쪽으로 비행하면 하얀 모래사장이 있는 화이트 헤븐 비치가 손에 잡힐 듯 보이기 시작했다. 사람들이 개미처럼 보이고 하얀 모래가 눈이 부시게 다가왔다. 비행기는 바다를 활주로 삼아 물보라와 함께 모래백사장 앞에 우리를 내려줬다.

사람들은 어린아이처럼 맨발로 바닷물을 헤치며 화이트 헤븐의 자유시간을 만끽하기 시작했다. 2~3시간의 정해진 약속이 아쉬운 듯 연인들은 서로 몸을 기댄 채 바닷속에서 나올줄 모른다. 모래 위에 자기들만의 러브마크를 새기는 연인도 있었고, 끝없이 둘만의 밀어를 속삭이는 연인도 있었다.

나는 이곳에서 스노클링을 통해 바다와 친해지는 법을 배웠다. 한국에선 스노클링을 배우기도 즐기기도 쉽지 않은데, 외국에서는 어디서나 스노클링을 편히 즐길 수 있다는 사실이 기뻤다.

하얀 모래 때문에 바닷속이 투명해졌다. 스노클링으로 바닷속을 들여다보니 가지각색의 예쁜 물고기들이 저마다의 모습을 자랑하고 있었다.

하얀 모래, 하얀 물고기, 하얀 바닷물이 아름다운 화이트 헤븐 비치. 수 킬로미터의 길고 하얀 백사장을 걷다 보면 또렷한 발자국이 새겨졌다가 뒤돌아보면 금세 사라져 버렸다. 아마도 그렇게 영겁의 세월이 흘렀겠지…… 그리고 바다를 바라보면서 휴식을 취하며 이런저런 생각에 젖어들었다. 여행하는 자가 세상에서 제일 행복하다고……

그레이트 배리어 리프의 베이스 캠프 케언즈

다양한 레포츠의 천국 케언즈는 호주 북부의 현관 구실을 하고 있다. 일 년 내내 따뜻한 케언즈의 기후는 다이빙, 열기구, 승마, 골프, 래프팅, 스노클링 등 다양하고 흥미로운 레포츠를 즐길 수 있었다.

한쪽은 유네스코 세계유산으로 지정된 호주의 열대우림이, 또 다른 한쪽은 지상 최대의 산호초 그레이트 배리어 리프가 있는 곳이다. 호주의 열대우림은 지구상에서 가장 오래된 1억 4000만 년의 역사를 자랑하고 있으며 빽빽하게 들어선 나무 종류만도 약 3,000종이 넘는다. 7.5km의 케이블카를 타고 열대우림을 가로 지르며 베런 폭포 등을 감상할 수도 있었고, 마치 정글 위를 날아다니는 듯한 착각에 빠져들게 했다.

케언즈는 그레이트 배리어 리프의 베이스 캠프답게 여러 곳을 향해 배가 출발하는 곳이다. 실제로 가장 가까운 섬인 그린 아일랜드부터 피츠로이 아일랜드, 선셋 크루즈, 그리고 스노클링과 다이빙을 위해 떠나는 여객선들은 대부분 리프 프레이트 터미널에서 출발했다. 아마도 우리가 발을 딛고 사는 세상에서 바닷속 체험을 하기에는 가장 안성맞춤인 곳이 바로 이곳 케언즈일 것이다.

보텀 보트와 함께 바닷속 산호초 구경하는 그린 아일랜드

케언즈에 가장 가까운 섬으로 크루즈로 약 40여 분 거리에 있다. 섬 전체가 초록색 숲으로 둘러싸여 있는 아름다운 산호초 섬으로 리조트와 수영장이 있다. 걸어서 약 1시간이면 섬 한 바퀴를 충분히 돌 수 있으며 스노클링과 다이빙은 물론 보텀 보트, 헬기 투어, 바닷속을 거닐기까지 다양한 프로그램이 준비돼 있다.

바닥에 투명유리를 부착시켜 바닷속의 산호초와 물고기를 볼 수 있게 만든 보

하얀 모래사장이 있는 화이트 헤븐 비치

텀 보트를 타고 섬 주위를 돌면서 바닷속을 들여다봤다. 그림이나 사진에서도 본 적이 없는 형형색색의 다양한 산호초가 얕은 바다에 흩어져 있었다.

산호초에 정신없이 마음을 뺏기며 바다를 여행하고 있는데 갑자기 어두운 기운이 내 옆을 스쳐갔다. 산호초를 따라 너무 깊은 지역으로 들어온 것이다. 이곳은 심해로 이어지는 산호초의 경계 지역으로 많은 물고기가 살고 있다. 이 경계 지역이 높은 파도와 지진, 해일로부터 섬을 막아주며 안전하게 지켜준다고 했다. 이제 보니 수많은 물고기가 보텀 보트의 꽁무니를 졸졸 따라 다니는 것은 보트를 운전하는 사람이 물고기들에게 먹이를 주고 있었기 때문이었다. 인간과 자연의 끝없는 대화 속에 그렇게 그린 아일랜드의 밤은 다가오고 있었다.

213

 ## 카약을 타고 섬 구경하는 피츠로이 아일랜드

케언즈에서 크루즈를 타고 약 40~50분 정도 소요되는 긴 타원형 모양의 섬으로 북쪽에는 피츠로이라는 또 다른 작은 섬이 자리잡고 있다. 이곳까지는 카약을 저어서 갈 수 있다. 이곳에도 리조트와 수영장이 있어서 여행객들에게 편한 쉼터를 제공했으며, 섬 전체가 아름다운 산호초로 둘러싸여 있어서 바닥까지 들여다보일 정도로 물이 맑은 곳이다.

피츠로이에 가기 위해 난생처음 카약을 탔다. 카약은 긴 모양의 플라스틱 보트에 앞뒤로 2명이 앉아서 노를 저으며 바다를 유랑하는 일종의 뱃놀이이다.

폭이 60~70m, 길이는 4m 정도의 카약은 보기에는 뒤뚱거리는 모습이 위험해 보이지만 막상 타보니 별다르게 위험하지 않았다. 카약을 타고 20여 분 정도 지나자 새들의 섬(bird island)이 나타났다.

카약 위에서 바라본 새들의 모습은 지금까지와는 또 다른 느낌이었다. 수십 마리의 새 역시 카약을 타고 지나는 우리 모습을 지켜보고 있었다. 우리도 자연

케언즈에서는 케이블카를 타고 열대우림을 감상할 수 있다

의 한 풍경이 되어 새들의 구경거리가 돼주고 있는 것이다. 거의 1시간이 지나 작은 피츠로이 섬에 도착했다. 이곳은 자그마한 바위 섬으로 스노클링을 하면서 쉴 수 있는 곳이다.

되돌아가는 길, 강한 바람이 먼저 우리를 마중 나왔다. 워킹홀리데이로 이곳에 온 한국인 여성과 일본인 여성이 한 조를 이뤘으나 바람에 밀려 계속 처지며 자꾸 다른 곳으로 흘러갔다.

하지만 우리는 그녀들의 카약을 한 몸처럼 끈으로 꽁꽁 묶어 다시 너른 바다를 건널 수 있도록 쉬지 않고 노를 저었다. 나도 지난번에는 저렇게 심한 바람에 바다를 떠돌며 산호초가 얼마나 아름다운가를 감상할 여유가 없던 시절이 있었을 것이다. 부디 그녀들이 바다를 건너는 동안 두려워하지 않고 내내 아름다운 산호 섬을 기억에 담기를 바랐다.

215

김완수의 세계 자연경관 후보지 탐방　10
Australia

울루루(Uluru)

한낮 동안 태양 볕에 쇳덩어리처럼 붉게 달구어진 듯하던 울루루는 결국
몸을 식히면서 서서히 어둠 속으로 사라졌다.
인간을 비롯한 모든 생명은 숨을 죽인 채 그 성스러운 의식을 지켜볼 뿐
이다.

●울루루

세계에서 가장 큰 바위인 울루루(Uluru)는 호주대륙의 한 가운데에 자리 잡아 '호주의 배꼽'이라고도 불린다. 지질학자들의 이야기로는 바위 덩어리가 땅속으로 6km 정도 더 묻혀 있다고 하며, 수억 년 전 지각변동과 침식작용으로 생성된 것으로 추정하고 있다.

●●에어즈 록

호주의 초대 수상이었던 헨리 에어즈(Henry Ayers)의 이름을 본딴 것으로, 울루루 정상 표지판에는 이 이름이 쓰여 있다. '울루루'는 원주민들이 부르는 명칭으로 '그늘이 지난 장소'라는 뜻이다.

영화 〈세상의 중심에서 사랑을 외치다〉에서 여주인공 아키가 그렇게도 가고 싶어 하던 '세상의 중심'. 붉은 흙이 깔린 평평하고 넓은 대지 한가운데 홀연히 우뚝 솟아 있는 울루루●는 보는 이에게 말로 다 표현하기 어려운 웅장함과 벅찬 감동을 선사했다. 높이 348m에 둘레는 9.4km이고 길이가 3.6km나 되는 이 거대한 존재가 우리를 놀라게 하는 건 그것이 산이 아니라 하나의 바위 덩어리라는 사실이다.

1872년 이 지역을 탐험하던 어니스트 길즈는 이 거대한 돌산을 발견하곤 이듬해 에어즈 록●●이라는 이름을 붙였다. 하지만 울루루는 오래 전부터 이곳에서 살아온 원주민 애버리진(Aborigine)에게 신성한 곳이자 숭배의 대상이었기에 소유권 분쟁이 일어났고, 최근에 와서야 호주 정부에 의해 애버리진의 소유로 인정되었다.

뜨거운 대낮에는 마치 붉은 페인트를 뒤집어쓴 듯 바위 전체가 벌겋게 보이는 울루루는 시간에 따라, 또 구름의 농도에 따라서 색채가 변화해 하루에도 일곱 가지 모습을 드러낸다고 한다.

카멜레온처럼 변화하는 신성한 바위. 거대한 울루루의 정상에 오르기 위해 단단히 마음을 다잡았다.

세상의 중심, 울루루 정상에 서다

높이가 348m나 되는 세계 최대의 바위 덩어리에 오르는 일이 그리 쉬울 리야 있겠는가. 등반 각도가 45도 혹은 60도 되는 곳도 있을 만큼 가파른데다 대평원 한가운데에 위치해 강한 바람에 그대로 노출되어 있다. 바람의 정도에 따라 등산이 금지되기도 할 정도이다.

올라가는 입구에는 '올라가지 않았으면 좋겠다'는 문구가 적힌 입간판이 보였다. 울루루를 성스러운 곳으로 여기는 원주민들의 메시지였는데, 그래도 기어이 산을 오르고 싶어 하는 관광객들을 너그러이 용서해주고 있었다.

가까이서 보니 울루루는 더욱 높고 웅장했다. 에펠탑보다도 높은 데다 바람까지 불어대는 이곳을 별다른 안전장치 없이 올라야 한다고 생각하니 덜컥 겁이 났다. 1년에 몇 명씩은 꼭 실족사를 한다고 하니 꽤 위험한 등반임에는 틀림이 없다.

정상에 오르는 길은 오직 한 곳. 오르는 사람이나 내려오는 사람이나 단 하나의 쇠줄을 잡고 엉금엉금 기어가야 하며, 그나마 100여 미터 정도는 쇠줄도 없이 가야 한다. 고소공포증이 있는 사람은 당연히 오르지 못한다.

쇠줄을 마치 생명줄인 양 움켜잡고 100여 미터쯤 올랐을까. 숨이 가빠오기 시작하는데 살짝 아래를 내려다보니 그야말로 아찔하다. 1차로 쉴 수 있는 곳까지 올라왔으니 더 가야 할지 결정을 내려야 한다. 어찌할지 잠깐 고민하다 계속 오르는 이들이 있기에 나도 용기를 내어 따라 올라갔다. 바람이 세차게 불어오는 가운데 아래를 보면 아찔하고 위를 쳐다보면 심한 경사에 아득해지는, 진퇴양난이었다. 그래도 포기하지 않고 열심히 오르는 어린 학생을 보며 또 용기를 내었다.

고민은 그렇게 수차례 계속되었다. '꼭 올라가야 하는가?' 하고……

쇠줄을 잡고 40분쯤 올라가니 능선이 보였다. 바람은 더욱 거세져 배낭이 날아갈 정도였는데, 양옆은 까마득한 낭떠러지였다. 많은 이들이 더는 오르기를 포기하고 뒤돌아 하산하기 시작했다.

어떻게 할까 싶어 이런저런 생각에 잠긴 채 정상만 바라보고 있는데 용기 있는 아주머니 한 분이 강한 바람에 맞서며 능선을 오르는 것이 보였다. 그 모습에 다시 힘을 받아 따라 올라가기로 결심했다. 양옆으로 깎아지른 낭떠러지를 보지

울루루 정상 저 멀리 카타 추타가 보인다

않기 위해 시선을 앞에만 고정하면서 정상을 향해 조심조심 걸음을 옮겼다.

울루루는 이처럼 수많은 갈등과 시련을 안기면서 약 1시간 만에 정상을 허락해주었다.

세찬 바람이 불어왔지만 그리 춥지 않은 포근한 바람이었다. 세상의 중심, 그 정상에 서니 사방을 둘러보고 또 둘러봐도 어디 한군데 막힌 곳 없는 대평원뿐이다. 세상 모두가 나지막이 엎드려 울루루를 향해 경배를 하는 것만 같았다.

대평원에 우뚝 솟은, 세상에서 가장 큰 바위 울루루는, 그러나 결코 외롭지는 않을 것이다. 멀리서 마주보고 서 있는 카타 추타(Kata Tjuta)의 봉우리 형제들이 마치 어머니인 듯 울루루를 바라보면서 해가 뜰 때나 질 때나 매일 문안 인사를 드릴 것이므로……

그토록 강한 바람에도 불구하고 나무 몇 그루가 정상에서 생명을 이어가고 있

● 카타 추타

울루루에서 서쪽 32km 지점에 있는 카타 추타는 36개의 돔형 봉우리가 총 면적 35km², 둘레 22km에 걸쳐 군락을 이루고 있다. 가장 높은 봉우리는 지표 높이 546m. '카타 추타'는 원주민인 애버리진의 말로 '많은 머리(many heads)'를 뜻한다. 원주민들은 울루루와 마찬가지로 이곳을 성지로 간주했으며 일부 지역은 관광객의 출입을 금하고 있다.

었다. 움푹 파인 웅덩이에는 상당한 양의 빗물이 고였는데, 누군가 가져다 넣었을 작은 물고기 몇 마리가 세상의 중심에서 사랑을 나누고 있었다.

하늘이 그려놓은 기기묘묘한 형상들

아침 일찍 일어나 울루루의 해돋이를 보고 나서 바로 트레킹을 시작했다. 울루루를 중심에 두고 그 둘레를 천천히 걸어서 돌다보면 숨겨진 비밀들이 하나하나 풀리듯 흥미로웠다. 특히 울루루 암벽에 새겨진 그림으로 원주민인 애버리진의 문화와 전설을 이해하는데 큰 도움이 됐다.

울루루 정상에서 내려오는 폭포수를 바라보면서 가다 보니 동굴이 나왔는데 흥미롭게도 그 동굴 안에서는 바깥세상을 바라볼 수가 있었다. 조금 더 가니 암벽에 새겨진 기기묘묘한 형상들이 입을 떡 벌어지게 만들었다. 그것은 사람이 새겨 넣은 듯 정교하지만 사람의 솜씨가 아니었다. 새와 뱀, 낙엽 등의 형상이었는데 모두가 자연의 조화가 빚어낸 환상적인 작품이었다. 하늘에서 준 선물 같은 그림, 바로 그것이었다.

천천히 발걸음을 옮기다 보니 조그만 봉우리에 마치 사람의 입술모양처럼 가운데가 파헤쳐진 바위가 나타났다. '바위의 입술'이라 불렀는데, 벼락이나 천둥으로 파헤쳐진 것 같았다.

작은 연못이 있는 무티툴루에서는 애버리진들이 바위에 새겨넣은 그림들을 볼 수 있었다. 샘이 솟는 곳, 나뭇잎, 동물 잡는 법 등 벽화를 통해 그들의 문화와 생활을 엿보는 일이 꽤나 흥미로웠다. 무티툴루는 애버리진에게 종교적으로 매우 중요한 장소다. 특히 울루루 경사면 골짜기에 있는 샘물을 물뱀인 와남파의 집으로 여겨 신성시했다고 한다. 그들에게 와남파는 소중한 물의 근원을 통제하는 존재였으므로 무티툴루의 샘은 당연히 성역과도 같은 곳이었을 것이다.

 ## 하늘에서 본 울루루와 카타 추타

울루루를 감상하는 방법에는 3가지가 있다. 평지에서 바라보는 것과 직접 올라가는 것, 마지막으로 하늘에서 내려다보는 방법이다. 드넓게 펼쳐진 붉은 사막에 우뚝 솟아 있는 바위산의 신비로움을 한눈에 담기 위해서는 보다 높은 곳으로 올라갈 필요가 있었다.

붉은 땅을 이륙한 헬리콥터는 울루루 뒤편으로 전진했다. 구름이 그늘을 만들어낸 울루루는 더욱 신비로운 모습이었는데 마치 육지에 떠 있는 하나의 섬과도 같았다. 끝없이 펼쳐진 붉은 사막 위에 키 작은 잡목들이 점점이 박혀 있고 그 가운데 울루루가 솟아 있었다. 울루루는 분명 '세상의 중심'이었다.

주차장에 서 있는 차량들은 성냥갑처럼 작고, 울루루를 열심히 오르는 사람들은 아주 작은 개미처럼 보였다. 거대한 자연 앞에 인간은 그저 모래알처럼 작게 보였다.

울루루 상공을 빙빙 돌던 헬리콥터는 울루루 서쪽 32km 지점에 모여 있는 카타 추타로 향했다. 울루루를 향해 경배하듯 모여 있는 카타 추타는 생각보다 넓게 분포되어 있었다. 36개의 붉고 둥근 머리가 오순도순 모여 앉아 옛이야기를 하는 듯 정겨워 보였다.

높은 바위들이 머리를 맞대고 있는 사이사이에는 계곡이 들어서 있고 계곡마다에는 동물과 야생식물들이 서식하고 있었다. 카타 추타 상공을 날고 있자니 어디선가 불쑥 원주민이 나타날 것만 같았다. 그들의 성지를 마음대로 날아다니는 것이 죄를 짓는 일은 아닌지 마음이 쓰였다.

성스러운 의식이 끝나면 밤이 찾아온다

해가 질 무렵이면 수많은 차량들이 울루루에서 5km 떨어진 선셋 뷰포인트로 모여든다. 시시각각 달라지는 울루루의 풍경은 해 질 녘 가장 근사한 것으로 유명한데, 단 몇 분 동안의 장관을 보기 위해 모여드는 것이다.

한낮 동안 태양 볕에 쇳덩어리처럼 붉게 달구어진 듯하던 울루루는 결국 몸을 식히면서 서서히 어둠 속으로 사라졌다. 인간을 비롯한 모든 생명은 숨을 죽인 채 그 성스러운 의식을 지켜볼 뿐이다.

울루루의 해 질 녘 풍경을 낙타와 함께 지켜보는 특별한 경험도 할 수 있었다. 호주에 낙타가 들어온 건 1840년경으로, 물건을 운반하기 위해 중동으로부터 들여왔다고 한다. 하지만 차량에 밀려 차츰 쓸모가 없어지자 주인에게 버려져 야생의 낙타로 변해 몇 마리씩 몰려다니는 처량한 신세가 되고 말았다. 그나마 요즘 들어서는 선택된 일부 낙타들이 여행객을 위해 카멜 트레킹으로 실력을 발휘하고 있다.

카멜 트레킹은 낙타를 타는 방법에 대해 간단한 설명만 들으면 바로 낙타 등에 올라 앉아 천천히 대평원으로 나설 수가 있다. 10여 마리가 길게 늘어선 낙타 행렬이 잡목과 숲이 우거진 모래언덕을 지나면 저 멀리로 붉게 물든 울루루가 보인다.

해가 넘어가면서 울루루는 서서히 검은색으로 빛깔을 달리한다. 주변 환경에 따라 색을 바꾸는 카멜레온처럼 시시각각 빛깔을 달리하며 대자연의 아름다움을 마음껏 표현해냈다. 순한 낙타와 함께 붉은 대평원에서 그 모습을 넋을 잃고 바라봤다.

해 질 녘이면 사막 한가운데에서 울루루를 바라보며 와인과 만찬을 함께 즐기는 이벤트가 있다. 일명 '침묵의 소리(sounds of silence)'라고 하는데, 시시각각 변화하는 울루루의 모습을 사막 한가운데서 감상하며 마시는 와인 한 잔이 꽤나 운치 있다. 게다가 세계 여러 나라에서 온 여행자들과 한자리에 빙 둘러 앉아 이야기꽃을 피우다보면 여행의 기쁨은 한층 더 무르익게 마련이다.

울루루가 제 몸을 숨기면 까만 하늘에 하나 둘 별이 보이기 시작했다. 반짝이는 별빛을 질투하는 양 달빛도 살포시 모습을 드러냈다. 누군가가 테이블 위에서 아른거리던 촛불을 끄고 손전등을 켜 하늘을 가리켰다. 별자리 여행이 시작된 것이다. 북두칠성, 오리온, 비너스…… 별 이름을 하나하나 부를 때마다 사람들은 모두 국적을 초월하여 동심의 세계로 돌아간다.

별빛 이야기가 끝날 즈음 호주 원주민의 가냘픈 악기 소리가 들리면서 사람들은 수천 년 전 애버리진이 살던 세계로 빠져 들어갔다. 불빛 없는 까만 세상. 오직 별빛과 달빛만이 존재하는 그곳에서 원주민은 아주 먼 과거의 어느 날로 사람들을 안내해줬다.

New Zealand

밀퍼드 사운드(Milford Sound)

마음을 비우고, 머리를 비우고 뉴질랜드의 아름다움을 온전히 체득한다. 빙하물이 녹아서 폭포를 이루고 수많은 생물과 자연현상이 장관을 이루는 밀퍼드 사운드에서 상념에 젖는다. 일상에 쫓기듯 달려온 인생, 천천히 살아갈 수 있는 방법은 없는 것일까?

밀퍼드 사운드를 보기 위해 뉴질랜드 남섬의 남서부 피오르드 랜드국립공원으로 향했다. 밀퍼드 사운드는 약 1만 2000년 전 빙하에 의해서 주위에 있는 산들이 1,000m 이상에 걸쳐서 수직으로 깎이면서 바닷물이 밀려와 형성된 피오르드 지형•이다. 피오르드는 빙하가 쓸고 가면서 생긴 계곡이라고 보면 된다.

밀퍼드 사운드의 백미는 1,000m가 넘는 산과 산 사이에 가득한 빙하. 엄청난 크기와 무게의 빙하가 누르는 압력은 단단한 바위를 부수고 빙하 밑이 조금씩 녹을 정도이다. 밀퍼드 사운드의 빙하는 산을 가르고 바다로 나아간 것이며 일부 계곡에는 빙하가 산을 뚫은 흔적도 있다. 바다와 맞닿은 피오르드 계곡물은 민물에 가까울 정도이고 밀퍼드 사운드 계곡에서 서식하고 있는 물고기는 민물과 바닷물을 오가는 물고기가 많다고 했다.

밀퍼드 사운드가 세상에 처음 알려진 것도 따지고 보면 바닷물에 사는 물고기가 많은 덕분이었다. 피터 윌리엄스라는 물개 사냥업자가 물개 사냥을 나왔다가 처음 발견하게 된 곳으로, 자신이 살던 고향의 이름을 따서 '밀퍼드'라는 이름을

•피오르드 지형
빙하가 산을 깎아 계곡을 만들고 빙하가 녹아 없어진 뒤 해수면이 높아지면서 바닷물이 들어와 만든 지형이다.

붙였다. 즉 밀퍼드 사운드라는 이름은 밀퍼드라는 영국지명과 사운드(sound)는 지반의 침하로 생긴 계곡을 말함으로써 생긴 이름인 것이다.

밀퍼드 사운드 여행의 거점도시 테 아나우

　밀퍼드 사운드에 대한 호기심이 증폭되는 사이, 밀퍼드 사운드가 자리하고 있는 피오르드랜드국립공원에 도착하였다. 뉴질랜드 남섬에서 12,500km²의 면적을 차지하고 있는 피오르드랜드국립공원**은 협만 14개가 구불구불 곱창처럼 굴

곡을 이루는 피오르드 지형이다. 그중 가장 유명한 곳이 밀퍼드 사운드이며 이
곳을 여행하는 거점도시가 테 아나우이다. 테 아나우는 높은 산과 울창한 숲으
로 둘러싸여 있으며 마치 손가락 세 개를 내민 것처럼 생긴 테 아나우 호수의 시
작점에 있다. 빙하가 지면을 잘라낸 곳에 물이 채워진 호수로서 인근에는 동굴
내부에 폭포수가 흐르는 특이한 종유석 동굴이 있다. 테 아나우란 바로 이 종유
동굴의 이름인데, '비처럼 물이 샘솟는 동굴(the cave of rushing)'이라는 뜻의 지
역 원주민어인 마오리어에서 유래되었다고 한다. 여름철이면 밀퍼드 사운드를
방문하고자 도시인구보다 많은 관광객이 찾아와 보트 관광, 동굴 탐험을 비롯한
다양한 종류의 투어가 이뤄지고 있는 곳이다.

　폭포수가 흐르는 테 아나우 동굴을 보기 위해 동굴 투어를 하기로 하였다. 테
아나우 도시에서 북서쪽으로 뻗어 있는 테 아나우 호수는 빙하가 지면을 잘라낸
곳에 물이 채워져 만들어진 호수이다. 뉴질랜드 호수 가운데 가장 깊은 호수인
테 아나우 호수는 길이가 53km, 폭 10km로 타우포 호수에 이어서 뉴질랜드에
서 두 번째로 큰 호수이다. 테 아나우 호수 서쪽 방향으로 배를 타고 건너면 테
아나우 동굴이 나왔다. 이 동굴은 마오리족의 전설이 내려오는 곳으로 호수 기
슭에서 보트를 타고 안으로 들어갈 수가 있다.

　가이드의 설명에 귀를 기울이며 자그마한 보트를 타고 들어가자 폭포와 많은
양의 물이 소용돌이치는 것을 볼 수 있었다. 동굴로서는 세계적으로 드문 일이라
는 설명이 뒤따른다. 천천히 동굴을 살펴보는데 동굴 안을 하늘에 있는 별처럼
수놓고 있는 것이 보였다. 자세히 살펴보니 반딧불이었다. 알고 보니 이곳은 뉴
질랜드 남섬에서 가장 큰 반딧불이의 서식지라고 하였다. 어릴 적 보았던 반딧불
이를 보다니, 이곳의 공기가 얼마나 청정한지 새삼 감탄스러웠다. 동굴 투어는
테 아나우의 배 선착장에서 출발하며 배로 약 40~50분이 소요됐다.

테 아나우 호수의 해넘이

밀퍼드 여행의 출발지 퀸스 타운

뉴질랜드 남섬에 있는 퀸스 타운은 동화 속의 풍경을 닮은 아름다운 풍경과 사계절 내내 레포츠를 즐길 수 있는 곳이다. 따스한 햇빛이 비추면 은빛으로 반짝이는 와카티푸 호수와 만년설, 그리고 따뜻한 미소를 머금은 사람들이 조화를 이룬다.

시내는 아담해서 걸어 다니면서 매력과 낭만이 넘치는 거리를 돌아볼 수 있다. 와카티푸 호수에 도달하는 순간 마주치는 항구의 모습은 동화 속 항구의 모습이었다. 동화 속의 모습은 그뿐만이 아니다. 정박해 있는 옛날 옛적의 여객선, 눈 덮인 산, 호수를 오가는 한가로운 오리 등은 어디선가, 아니면 꿈 속에서 보았던 동화 속 마을 바로 그곳이었다.

퀸스 타운에서 밀퍼드 사운드까지는 직선거리로는 약 80km쯤 떨어져 있지만 바로 가는 길이 없어 리머커블 산을 지나 남쪽 테 아나우 방향으로 내려가서 돌아가야 했다. 그렇게 돌고돌아 가는 길이 300km 정도로 차량으로 5시간 정도 소요됐다. 도심에 익숙한 사람들에게는 도로를 새로 내면 편리하지 않느냐 반문할 수 있겠지만, 새로 도로를 내면 환경이 파괴된다는 것이 뉴질랜드인들의 생각이다. 게다가 밀퍼드 사운드를 볼 사람이라면 멀어도 본다는 것이 뉴질랜드 사람들의 자부심인 것 같다.

밀퍼드 사운드로 가는 길

밀퍼드 사운드로 향하는 길을 달려 보니 그 길을 만난 건 오히려 행운인 듯싶었다. 넓은 평원이 펼쳐진 길은 평화스러웠다. 만년설이 녹아 내려오는 시냇물은 매우 신선하였고, 밀퍼드 사운드로 가는 길에 보이는 너도밤나무와 라떼나무 숲은 사람의 손길이 닿지 않은 원시림을 이루고 있었다.

테 아나우를 38km 정도 지나자 유리처럼 맑고 깨끗한 호수가 나온다. 거울처럼 모든 것을 비춰준다는 거울 호수(mirror lake)였다. 호수가 어찌나 맑은지 주변의 산과 수목이 호수에 그대로 비춰지고 있었다. 오래됨직한 고목나무 뿌리가 거울호수 바닥에 자리 잡고 있었다. 거울호수에는 한 가지 명물이 있다. 바로 호수에 거꾸로 세워둔 '거울 호수' 이정표. 호수에 비춘 물속에서야 거울 호수의 제 글씨가 보이는데, 수면에 맞닿아 있는 거울 호수의 이정표는 자연과 함께 하는 멋을 알려주는 것만 같다.

밀퍼드 사운드에 가까울수록 지형은 점점 험준해진다. 그럴 만도 한 것이 점차 빙하의 영향권에 가까워지고 있다는 반증이기 때문이다. 밀퍼드 사운드 길을 가다보면 캐즘이라는 계곡이 있다. 그런데 이 계곡이 생겨난 것도 신기하다. 오랫동안 흐르는 물이 바위를 깎아 아주 깊은 계곡이 만들어진 것이다. 흐르는 물이 바위를 깎아 계곡을 만들 정도이니, 얼마나 오랜 세월동안 흘러내린 것인지 전혀 가늠이 되지 않았다.

남반구의 알프스라 불리는 높은 산세를 뚫고 큰 굴이 버티고 있는 곳이 바로 호머 터널이다. 더런 산맥을 18년에 걸쳐 뚫은 이 터널의 길이는 1,219m. 1950년대에 이렇다 할 장비도 없이 인부들이 땅을 파고 암반을 폭파한 것이라고 했다. 캄캄할 뿐만 아니라 경사가 급하며 길이 좁아 아슬아슬함을 느꼈다. 호머 터널을 지나 남부 알프스를 감상하면서 가니 차량은 어느새 밀퍼드 사운드 선착장에 도착해 있었다.

 ## 밀퍼드 사운드 여행의 하이라이트 크루즈 여행

밀퍼드 사운드의 깎아지른 단애와 무수한 폭포, 원시림 등을 가장 잘 볼 수 있는 방법은 크루즈 여행으로, 왜 크루즈 여행이 밀퍼드 사운드 여행의 하이라이트인지를 알 수 있게 하였다.

밀퍼드 사운드는 태초의 아름다움을 간직한 곳이었다. 바다 옆으로 수직에 가까운 1,000여 미터의 절벽들이 늘어서 있고, 그 절벽에서는 여러 개의 폭포들이 물을 쏟아 내리고 있다. 세계적으로도 희귀하다는 피오르드 협곡은 폭풍우 치는 계절에는 바다에서 불어오는 거센 바람이 좁은 협곡 사이로 휘몰아쳐 폭포수가

거꾸로 올라가는 진기한 현상도 나타난다고 한다.

밀퍼드 사운드의 선착장을 출발한 크루즈가 거대한 절벽에서 떨어지는 폭포수에 다가가자 여행객들이 환호성을 지르고 계속해서 셔터를 눌러댔다. 협곡의 물과 바닷물이 만나는 넓직한 곳에 다다르자 배가 정지했다. 우리의 배가 닿은 것을 알기라도 하는 듯 한 무리의 돌고래들이 유영을 하면서 여행객들을 반겼다. 이 아름다운 밀퍼드 사운드를 발견하게 된 것도 모두 돌고래와 물개 사냥*을 나온 덕분이라고 하니, 새삼 바닷속을 유영하는 돌고래들에게 고마웠다.

밀퍼드 사운드의 바닷속 전망대

밀퍼드 사운드를 한 바퀴 돈 후 크루즈는 바닷속 전망대**로 향했다. 해저 12m에 세워진 전망대는 밀퍼드 사운드의 아름다운 바닷속을 조망할 수 있는 곳이었다. 둥근 돔 형태의 커다란 투명관을 묶어 바닷속으로 가라앉힌 이곳은 계단을 타고 내려가면 만날 수 있다.

밀퍼드 사운드의 물가 숲 속에 설치된 전망대는 주변의 산이 만드는 그림자 덕분에 깊은 바닷속과 비슷한 분위기가 있는 신비한 장소였다. 많은 물고기들이 둥근 돔 주위에서 유영을 해 마치 내가 바닷속 깊은 곳에 들어와 있는 기분에 빠지기에 충분하였다.

밀퍼드 사운드는 구름과 비가 많은 지역으로 유명하다. 워낙 높은 산에 둘러싸여 있어 골짜기에 구름이 모일 확률이 더욱 높기 때문이다. 그래서 이 지역에서 갑작스레 비를 만나게 되어도 놀랄 일은 아니다. 금방 햇빛이 비추다가도 갑자기 흐려져 비가 내리는 경우가 비일비재하기 때문이다.

다른 여행지라면 비가 내리는 것이 반갑지 않겠지만, 밀퍼드 사운드에서만은

뉴질랜드를 탐험한 제임스 쿡은 이곳을 두 번이나 스쳐 갔지만 밀퍼드 사운드를 발견하지 못했다. 계곡 입구에 데일 포인트라는 암초가 있기 때문이었다. 어쩌면 자연의 품에만 있을 수 있었던 이곳을 발견한 사람은 영국의 물개 사냥꾼인 피너 윌리엄스. 그가 물개 사냥을 하러 이곳에 들어온 덕분에 밀퍼드 사운드는 세상 밖으로 모습을 드러낼 수 있었다.

밀퍼드 사운드에 관한 각종 자료가 전시되어 있는 바닷속 전망대에 가기 위해서는 크루즈 여행 가운데 해저 전망대 견학을 포함시켜야 한다.

안개에 덮인 밀퍼드 사운드

비 온 뒤의 밀퍼드 사운드

예외가 된다. 비 오는 날 산에서 비가 내리는 모습은 마치 산이 눈물을 흘리는 것만 같아 그 자체로 아름다웠다. 더구나 흐린날 산 능선에 걸린 구름은 밀퍼드 사운드의 신비함과 더욱 맞아 떨어져 오히려 관광객들은 밀퍼드 사운드에서는 날이 흐린 걸 더욱 반겼다.

그곳에 도착한 날도 밀퍼드 사운드는 흐렸다. 산 능선에 걸린 구름은 밀퍼드 사운드의 장엄함을 더욱 높여주고 있었다. 어느새 비가 내리기 시작하였다. 그러자 정말 비 오기 전의 모습과는 다른 모습을 보여주고 있었다. 하늘의 비가 거세질수록 밀퍼드 사운드로 떨어지는 폭포수가 장관을 이루기 시작한 것이다. 여기에 수십 곳의 새로운 폭포가 생겨나 밀퍼드 사운드 계곡 앞은 그야말로 흰 물줄기의 향연이었다.

특히 높은 암벽에서 떨어지는 보헨 폭포나 페어리 폭포의 모습은 말로 표현하지 못할 정도로 감탄스러웠다. 페어리 폭포의 물은 한 번 맞으면 장수하고, 피부가 고와진다는 이야기가 있어 유람선 갑판에서나마 폭포수를 맞으려는 여행객들의 모습도 볼 수 있었다.

•아일랜드
아일랜드 섬 북동부를 제외한 지역을 차지하는 공화국이다. 낙농 중심의 농업국이며 주민은 켈트 족으로 가톨릭교인이 인구의 88%를 차지하고 있다. 아일랜드어와 영어를 주로 사용하고 있다. 수도는 더블린이며 면적은 7만km²이다.

아일랜드는 우리나라와 비슷한 점이 많다. 오랜 시간 강대국에 둘러싸여 살아왔다는 점도 그러하고, 영국에게 탄압과 속박을 받아왔다는 점도 그러하다. 우리나라 사람들이 갖고 있는 한(限)과 아일랜드인들인 아이리시들이 갖고 있는 한은 비슷한 점이 많다.

면적도 남한 면적과 비슷하지만 인구는 남한의 1/10 정도인 400만 명이다. 인구 밀도가 낮다는 점은 '푸른 초원의 나라'라는 아일랜드의 특성과 궤를 같이 한다. 푸른 초원에서 자유로운 삶을 추구하는 아일랜드인들의 기질은 음악과 예술의 발달을 일구는 데 일조하였다. 그래서 유독 아일랜드에는 노벨문학상을 수상한 문학가들이 많다. '나는 이제 가련다, 이니스프리로'의 시인이자 노벨문학상 수상자인 예이츠를 비롯해 노벨문학상 수상자를 4명이나 배출하였다.

출발하기 전부터 '세계에서 가장 살기 좋은 도시'로 뽑힌 아일랜드의 수도 더블린에 대한 기대감이 생겼다. 더불어 본고장에서 맛보는 기네스 맥주와 아이리시 커피에 대한 궁금증까지, 아일랜드에 도착하기 전부터 내 마음은 이미 아일랜드의 푸른 녹색 지대에 닿아 있는 것 같다.

모헤르 절벽이란?

대서양 연안에 있는 모헤르 절벽은 높이만 해도 약 200m고 길이만 해도 10km
라니 말만 들어서는 그 모습이 상상이 되지 않았다. 더구나 바다와 맞닿아 있는
해안 절벽이라는 점이 호기심을 더욱 짙어지게 만들었다.

아일랜드의 수도 더블린•에서 둘린에 위치한 모헤르 절벽에 가기 위해서는 골
웨이•에서 내려 둘린행 버스로 갈아타야 했다. 더블린에서 골웨이까지 버스를
타고 달리는 기분은 흡사 목장길 사이를 달리는 기분이다. 푸르게 펼쳐진 초원
사이로 끝없이 이어진 목장길, 목장과 목장의 경계에는 돌담을 쌓아 구분을 지
어 놓고 있었다. 시야를 가리는 것들이 없다는 것만으로도 얼마나 여유로운지,
차창 밖으로 보이는 풍경에서 눈을 뗄 수 없었다. 별다른 건물들 없이 푸르게 이
어진 길들은 어릴 적 뛰놀던 고향처럼 보였다. 둘린의 모습이 아무래도 눈에 익
다 싶어 살펴보니 유난히 돌이 많고, 사이사이로 초원이 펼쳐진 모습이 마치 제
주도에 와 있는 것 같았다. 시간 가는 줄 모르고 차창 풍경에 빠져 있는 사이, 버
스는 둘린에 도착해 있었다.

둘린은 도시라기보다 마을이라는 표현이 더욱 맞는 곳이었다. 산책을 하듯 쉬
엄쉬엄 걸으면 선물가게와 레스토랑, 여행사, 펍(pub), 뮤직홀 등과 만날 수 있
다. 유럽식 술집인 펍은 둘린의 자유로운 분위기를 느낄 수 있는 장소였다. 더구
나 저녁 무렵의 펍은 세계에서 모여든 이방인들의 쉼터가 되고 있었다.

둘린 시내에서 모헤르 절벽까지는 지척이다. 약 5km의 거리로 자전거를 대여
해 갈 수도 있고, 버스나 택시를 타도 10분이면 도착할 수 있다. 한 시간 정도면
모헤르 절벽에 닿을 수 있다고 하니 도보로 언덕길을 오르는 것도 좋은 방법일
듯하다.

영겁의 세월을 이어온 모헤르 절벽

모헤르 절벽으로 가기 위해 언덕으로 오르자 둘린 항구의 모습이 한눈에 들어
오고, 바이킹 스타일의 성이 초원을 내려다보고 있었다. 연이어 눈에 들어온 모

헤르 절벽은 그야말로 장관이었다. 대서양에 직접 노출되어 있는 탓에 만들어진 웅장한 해안절벽의 모습은 대서양에 감사해야 할 정도로 멋들어졌다. 해안절벽과 파란 바다가 어우러지는 모습은 이곳에 세계의 관광객들이 모이는 까닭을 충분히 설명하고도 남았다.

모헤르 절벽은 일직선상으로 쭉 이어진 절벽이 아니라 무늬결처럼 들락거리는 하나의 '절벽의 파노라마'를 연출하고 있었다. 200m의 절벽이 마치 시루떡처럼 차근차근 쌓여 있었다. 아마도 강한 바람과 세찬 파도의 상처 때문일 것이다.

대서양 바다에 맞닿아 있는 모헤르 절벽이지만 그리 외로워보이지는 않았다. 해안 절벽 앞으로 우리나라 동해바다에 있는 촛대바위처럼 훌쩍 키가 큰 바위가 모헤르 절벽을 지키는 파수꾼처럼 지키고 서 있기 때문이었다. 더불어 대서양 앞바다를 떠다니는 새들 역시 모헤르 절벽 주위를 돌며 위로해주고 있으니, 모헤르 절벽은 곁에 든든한 친구들을 두고 있는 셈이었다.

모헤르 절벽을 둘러보고 있는데, 대서양의 거센 모래 바람이 계속해서 불어왔다. 그 강한 바람 탓에 해마다 몇 명의 사람들이 모헤르 절벽 밑으로 떨어진다고 하였다. 그래서 이곳 레스토랑과 휴게소에서는 일절 알코올이 들어 있는 맥주나 음료수를 팔지 않았다. 그 말을 들어서일까. 모헤르 절벽을 거니는 발걸음에 힘이 바짝 들어간다.

모헤르 절벽을 트레킹하다

모헤르 절벽을 걷고 싶어졌다. 200m의 절벽 위를 걷는다는 것이 두렵기는 했지만, 10km에 이르는 광활한 모헤르 절벽을 걸어보고 싶었다. 더불어 보는 위치에 따라 각각 다른 모습을 보여주는 모헤르 절벽이 호기심을 자극한 것도 있었다.

출발점에서 모헤르 절벽 쪽으로 가다보면 두 갈래의 길이 나온다. 좌측으로 가는 방향과 우측 바이킹 성으로 가는 갈래길이었다. 나는 먼저 우측으로 향하였다. 우측으로 가다보면 제일 높은 언덕에 둥근 모형의 성 하나가 보인다. 마치 대서양을 향해 호령하듯 우뚝 서 있는 바이킹 성이었다. 성 안으로 들어가 꼭대기에 올라서면 사방의 모습을 조망할 수 있다. 특히 그곳에서 바라보는 모헤르 절벽의 모습은 또 다른 느낌으로 다가오고 있었다. 계속해서 우측으로 가자 더는 가지 말라는 안내판과 철조망이 나왔다.

반대 방향을 내려다봤다. 계속 전진하면 경계인 듯한 철조망이 나오고 이곳을 지나면 안전팬스가 없는, 그야말로 절벽 낭떠러지이다. 조심조심 안전팬스가 없

는 절벽 사이길을 걸어봤다. 그곳에 많은 사람들이 있었다. 절벽 끄트머리에서 사진을 찍는 사람, 엎드려서 절벽을 구경하는 사람, 절벽에 걸터 앉은 용감무쌍한 연인들 등 모혜르 절벽에 관한 사람들의 호기심은 나만 갖고 있는 것이 아닌 듯하였다.

대서양의 강한 바람이 불어온다. 바람이 어찌나 강한지 더 전진하지 못하고 자리에 털썩 주저 앉았다. '이대로 바람에 휘날려 저 절벽 아래로 떨어지는 건 아닐까?' 두렵기는 했지만, 등에 무거운 배낭을 짊어지고 있으니 다른 사람들보다는 나을 것이라며 위안을 삼았다.

엎드려서 모헤르 절벽 바라보기

절벽에 바짝 다가가 200m 아래의 절벽 밑을 살펴본다는 것은 매우 어렵고 위험한 일이다. 더구나 대서양의 세찬 바람이 부는 상황에서는 바람과 함께 날아가는 비운의 새가 될 수도 있다.

그러나 세상 모든 일에는 방법이 있듯, 절벽 아래도 안전하게 보는 방법이 있다. 바로 몸을 엎드린 채 고개만 절벽쪽으로 내미는 것이다. 몸의 균형이 언덕쪽에 있으니까 그나마 안전할 것 같았다.

긴장의 끈을 늦추지 않은 채 조심스럽게 엎드려 보았다. 심호흡을 하고 고개를 내밀어 200m 절벽 아래를 내려다보았다. 절벽에 투명한 바닷물이 부딪혀 무수히 많은 파도를 만드는 모습이 보였다. 그리고 절벽과 바닷물이 부딪히는 걸 응원하듯 몇 마리의 바다새들이 날아다니며 화음을 만들어내고 있었다. 처음 절벽 아래를 내려다볼 때의 두려움은 사라지고, 점점 절벽 아래의 모습에서 눈을 뗄 수 없었다. 그리고 겹겹이 쌓여진 모헤르 절벽을 새 한 마리가 되어 날아다니고 싶다는 열망이 들었다.

둘린 항구는 모헤르 절벽의 시발점

바다에서 모헤르 절벽을 보기 위해 둘린 항구로 자리를 이동하였다. 모헤르 절벽에서 둘린 항구까지는 걸어서 20여 분 정도 소요됐다. 가는 길목에는 목장 등 널따란 초원이 형성되어 있어 아늑하고 포근한 시골마을의 느낌이 났다.

둘린 항구는 바로 앞에 있는 섬들인 아란제도와 모헤르 절벽으로 왕복하는 배가 출항을 하는 곳이다. 둘린 항구 주변으로 기기묘묘한 기암괴석이 바닥에 깔려 있었다. 특히 사각형으로 분리된 기암괴석은 주상절리를 이루고 있었다. 흐르는 바닷물에 의해 깊이 파여진 바위의 자국은 도대체 얼마의 세월이 흘러 저렇게 되었을까 궁금해졌다.

모헤르 절벽 중심 방향을 바라봤다. 멀리서 바이킹 성이 보일락 말락 모헤르 절벽의 방향을 알려주고 있었다. 대서양의 세찬 파도가 이방인에게 다가왔다. 조그마한 언덕 모습에서 계속 높아가는 절벽을 바라보면서 문득 '시작은 미약하나 끝은 창대하리라'라는 말이 생각났다.

바다에서 바라본 모헤르 절벽, 절벽은 결코 외롭지 않다

둘린 항구에서 출발한 배가 대서양의 심한 파도에 몸을 가누지 못하고 출렁이고 있다. 바닷바람이 세기로 유명한 모헤르 절벽이니 이 정도의 출렁거림은 감수해야 하는 것이라고 스스로를 위로하였다.

출렁거리는 배에서 가까스로 중심을 잡고 서 있는데, 멀리 언덕 위에 있는 바이킹 성이 보인다. 바이킹 성이 등대처럼 배를 안내하는 것 같았다. 20~30분 항해 끝에 바이킹 성 바로 밑에 배가 섰다.

바다에서 바라보는 모헤르 절벽은 또 다른 얼굴을 보여주고 있었다. 모헤르 절벽 앞을 지키고 서 있던 촛대바위는 엄청나게 큰 것이었다. 모헤르 절벽 위에서 바라볼 때는 높지 않은 것처럼 보였지만, 바다 한가운데서 위로 올려다봐서인지 무척 높아 보였다. 자세히 바라보니 촛대바위는 수많은 계단처럼 층이 나 있었고 그곳은 마치 아파트처럼 수많은 바다새들의 보금자리가 되고 있었다.

촛대바위가 웅장해 보였으니 모헤르 절벽의 웅장함은 두 번 말하면 입 아픈 지경이었다. 왜 모헤르 절벽을 일컬어 대서양 연안의 최대 절벽이라고 하는지, 두 눈이 그 까닭을 말해주고 있는 것 같았다. 겹겹이 시루떡처럼 쌓여진 암벽은 영겁의 세월을 이어온 오랜 몸부림의 상처였으리라!

그러나 모헤르 절벽은 외롭지만은 않았을 것 같다. 모헤르 절벽 주변에는 수많은 새들이 파도타기를 하고 있지 않은가. 날다 지치면 촛대바위에 가서 휴식을 취하고, 다시 힘이 생기면 모헤르 절벽 주변을 떠다니고 있으니 결코 외로울 리 없을 것이다. 그렇게 모헤르 절벽은 대서양의 파도와 바람, 새와 함께 어울려 대자연의 오케스트라를 연주하고 있었다.

기네스 맥주에 환호하고 아이리시 커피에 취하며

모혜르 절벽이 있는 둘린마을은 밤 10시가 넘어서야 어두워진다. 둘린마을에 있는 사람들은 시계가 10시를 가리키면 펍으로 모여들었다. 세계 각국에서 모인 이방인들도 마찬가지다. 그곳에서 사람들은 맥주를 마시고 떠들며 아이리시 음악에 취했다. 한편으로는 아이리시 음악에 맞춰서 쌍쌍파티가 열리고, 아름다운 아이리시 아가씨는 리듬에 맞춰 발바닥을 두드리며 춤을 추기도 하였다.

이방인 역시 그곳에서 아일랜드의 자랑인 기네스 맥주를 마셨다. 검은색 흑맥주인 기네스 맥주는 진한 보리맛이 나는 맥주로 임산부도 마신다는 맥주였다. 그 구수한 맥주 맛에 취해 사람들은 환호하고 시간 가는 줄을 모른다.

자리를 옮겨 조용한 음악이 나오는 음악홀에도 들렀다. 그곳에서 마시는 아이리시 커피는 커피 맛보다 위스키 맛에 가까웠다. 어딜 가나 흘러나오는 아이리시 음악을 듣고 있다 보니 아이리시인들이 왜 감성이 풍부한지 이해가 되었다. 이곳에서 맛보는 기네스 맥주와 아이리시 커피가 오래도록 그리울 것 같다.

Germany

검은 숲(Black forest)

검은 숲의 모습은 짙고도 푸르렀다.
그 숲 속에는 수많은 길과 호수 여행지, 그리고 생명이 숨어 있었다. 물
길을 헤치듯 검은 숲을 지나며 우리가 만나는 자연이 얼마나 아름다운
모습을 지니고 있는지 다시 한번 확인할 수 있었다.

독일은 우리들 세대에게 각별한 나라이다. 세계에서 가장 뛰어난 기술력을 갖춘 성실하고 근검한 나라의 표상이었으며, 특히 우리나라의 광부와 간호원이 파견된 특별한 나라이기 때문이다.

이렇게 친근한 느낌의 독일은 유럽 중앙에 위치해 있으며 북쪽으로 발트 해, 덴마크, 북해, 서쪽으로는 프랑스와 벨기에 남쪽으로는 스위스, 오스트리아 동쪽으로는 체코, 폴란드와 마주하고 있다.

독일의 검은 숲*은 독일 남서부의 바덴 부르템베르크 주의 숲과 산악 지역을 일컫는 말로 한자어로는 흑림(黑林)이라고 한다. 검은 숲이라는 말은 고대 로마인들이 나무가 너무 울창하게 들어서 있어, 어둡고 침침하다는 의미를 담아 슈바르츠 발트라고 부르게 된데서 유래한 것이다. 실제로 수많은 침엽수의 색깔이 진녹색을 띄고 있어 어느 곳에서 보아도 검은색으로 보이게 된다. 또한 길게 이어지는 검은 숲의 산길을 따라 여행할 수 있는 세계적인 '산악 드라이브 코스'이기도 하다.

*검은 숲
독일의 남서부, 바덴 부르템베르크(Baden Wuerttemberg) 주에 위치한 독일의 대표적인 산림지역이다. 면적은 약 6,000km², 길이는 약 220km 정도이다. 현지에서는 슈바르츠 발트(Schwarz wald)라 부르는데 슈바르츠(Schwarz)는 검정이라는 뜻과 발트(wald)는 숲이라는 단어의 합성어로서 '검은 숲'이란 의미를 갖고 있으며 흑림이라고 한다.

롯한 농기구, 몇 평 남짓한 자그마한 교회, 그리고 우두머리가 머무른 숙소와 부엌, 침실 등이 옛날 그대로 간직된 민속촌 같았다.

그리고 검은 숲 속에서 아주 예쁜 폭포 하나와 마주칠 수 있다. 이름은 트리베르크 폭포, 수량은 그리 많지 않지만 좁은 계곡에서 여러 갈래로 갈라져 나온 폭포로 앙증스럽게 낙하되고 있었다. 몇 차례의 계단을 이루던 폭포수는 숨바꼭질을 하듯 숨어서 다른 길로 내려오다가 중앙으로 합쳐져 힘차게 쏟아지며 검은 숲의 아름다운 자태를 더해줬다.

남쪽으로 조금 내려가면 세계에서 가장 큰 '시계박물관'이 있는 시계 도시 푸르트방겐이 나온다. 이곳에는 2m 정도의 나무로 만든 시계를 비롯해 수천 종의 시계가 전시되어 있으며 각종 시계관련 공구와 자료도 전시되어 있었다. 이곳이 스위스와의 국경지대라 자연스럽게 시계문화가 발달한 것 같았다. '검은 숲과 시계 산업' 당시에는 시계 케이스를 나무로 조각하여 사용했으니 자연히 많은 나무가 필요했고, 검은 숲이 자연스럽게 그 역할을 담당하였을 것이다. 내 심장에는 아직도 세계에서 가장 큰 시계박물관에서 들었던 시계소리가 두근두근 울리고 있다.

검은 숲 지역의 최고봉 1,493m 펠트베르그

주변의 많은 검은 숲 지역을 거느리며 우뚝 선 모습이 경이로운 펠트베르그 지역은 약 1,200m의 고원지대에 마을이 형성돼 있다. 케이블카를 타거나 트레킹으로 정상에 오를 수 있으며 겨울에는 리프트가 있어서 많은 스키어들이 찾는 곳이다.

약 10여 분 정도 케이블카를 타고 오르면 정상에 다다를 수 있는데 정상에 오

르면서 바라본 거대한 검은 숲 지역, 녹색의 목장 지역과 유난히 구분되는 진녹색의 침엽수림이 사방에 산재돼 있다. 검은 숲에서만 볼 수 있는 아름다운 풍광과 케이블카와 함께 조성된 리프트, 스키장이 인상적이다. 특히 곳곳의 조그마한 물길계곡은 나무판자로 덮여 있는데 스키 중에 계곡에 넘어지면 다칠 우려가 있어 나무 판자로 덮개를 해놓았다고 한다.

정상에 도착하니 독일을 통일한 비스마르크 재상의 부조가 새겨진 돌〔石〕기념물과 전망대가 놓여 있다. 산 아래에는 펠트제라는 자그맣고 예쁜 호수가 소녀처럼 부끄러운 듯 깊은 산속에 숨어 있었다. 검은 숲 최고의 정취를 조망할 수 있는 곳, 바로 이곳 펠트베르그의 정상이었다.

검은 숲 지역에서 가장 큰 호수, 슐르흐제 호수

슐르흐제는 원래 작은 호수였으나 댐이 세워지면서 검은 숲에서 가장 큰 호수가 되었다. 온천 휴양지이기도 하며 호수에는 유람선이 운항 중이고 요트도 준비되어 있다. 슐르흐제 다운타운은 호수 주변을 따라 조성되어 있으며, 수 세기 전에 세워진 성당이 슐르흐제 호숫가를 지켜보고 있는 작은 마을이다.

검은 숲 최대의 관광명소인 아름다운 티티제 호수 주변 역시 빼놓을 수 없는 관광 포인트이다. 티티제는 북쪽의 아덴바덴에서 출발하여 여러 검은 숲 마을을 거치면서 종착점 역할을 하기도 했다.

이곳은 스위스 북부 지역과 경계 지역으로 각종 문화가 스위스와 비슷한데 그림처럼 예쁜 나무집과 창문 곳곳에 놓여 있는 아름다운 꽃, 그리고 푸르디 푸른 목장 때문에 알프스의 목동과 하이디의 소녀가 곧 나타날 것 같은 지역이다. 또한 이곳은 검은 숲 여행의 종착점이자, 남에서 북으로 여행할 때 출발 지역이기도 하다.

티티제 주변에는 검은 숲에서 가장 높은 봉우리인 펠트베르그가 있어서 여름에는 드라이브, 겨울에는 스키여행을 즐길 수 있는 곳이기도 하다. 따라서 많은 이방인들이 찾는 이곳에는 호숫가에 목조 형태로 지어진 아름다운 호텔, 주인을 기다리는 가지각색의 보트들, 나무로 만들어진 각종 시계와 알프스 특산물이 눈길을 끈다. 세계 각국에서 모여든 이방인들은 이곳 티티제의 아름다움에 그렇게 동화되고 있었다.

검은 숲에 둘러싸인 티티제 호수에서의 유람선

검은 숲 색깔에 투영되어 어두운 색을 띄는 티티제 호수는 길이가 약 2km, 폭 700여 미터, 최대 깊이는 약 40m에 달하지만 아늑한 느낌을 주는 호수이다. 사람의 손길을 타지 않은 자연적인 호수로는 검은 숲에서는 가장 큰 위용을 자랑하기도 한다.

호숫가를 순회하는 유람선에 몸을 싣고 그 아름다운 모습을 더 깊이 받아들이기로 했다. 약 30여 분의 운항시간을 가진 유람선은 호수 중심으로 미끄러져 들어간다. 문득 나도 이렇게 누군가의 마음속으로 미끄러지듯 달려간 적이 있었던가 하는 생각이 들었다. 나도 분명 그랬을 텐데 어쩐지 아득하게 먼 일처럼 느껴졌다.

검은 숲이 그림자를 드리운 호수에는 2개의 검은 숲이 만들어지고 있었다. 호수 한가운데서 바라본 호숫가 마을은 또 다른 느낌을 주고 있었다. 예쁜 교회 모습이 높다랗게 주의를 끌고 아기자기하게 모여 있는 호텔과 가게, 예쁜 보트와 여객선들이 색다른 모습으로 이방인들의 가슴을 설레게 했다.

　호수에서 바라본 검은 숲 또한 마치 아기를 안은 엄마처럼 호수를 품에 안은 채 자애로운 모습으로 여객선을 향해 손을 흔들어주고 있는 것 같았다.

　여객선이 호숫가 주위를 둥글게 빙~ 돌면서 좀 더 속도를 높여 스릴을 느끼게 해줬다. 조그마한 카약에 열중하는 젊은이들, 페달 보트에 매달려 시간 가는 줄 모르는 연인들, 그리고 호수의 주인공인 청둥오리까지 수많은 생명을 품고 낯선 이방인을 끌어안은 티티제 호수는 자신을 찾는 모든 생명들에게 일렁임 없는 안락하고 편안한 세계로 안내하고 있었다.

　검은 숲에서 시작된 작은 물줄기들이 이렇게 커다란 호수를 이루고 그 호수를 따라 마을이 생기고, 그 마을을 따라 다시 이방인들이 모여드는 모습을 보며 나는 얼마나 아름다운 생명의 숲을 지나고 있는지 알 수 있었다. 검은 숲의 그림자가 내내 마음에서 지워지지 않는 느낌이었다.

Switzerland

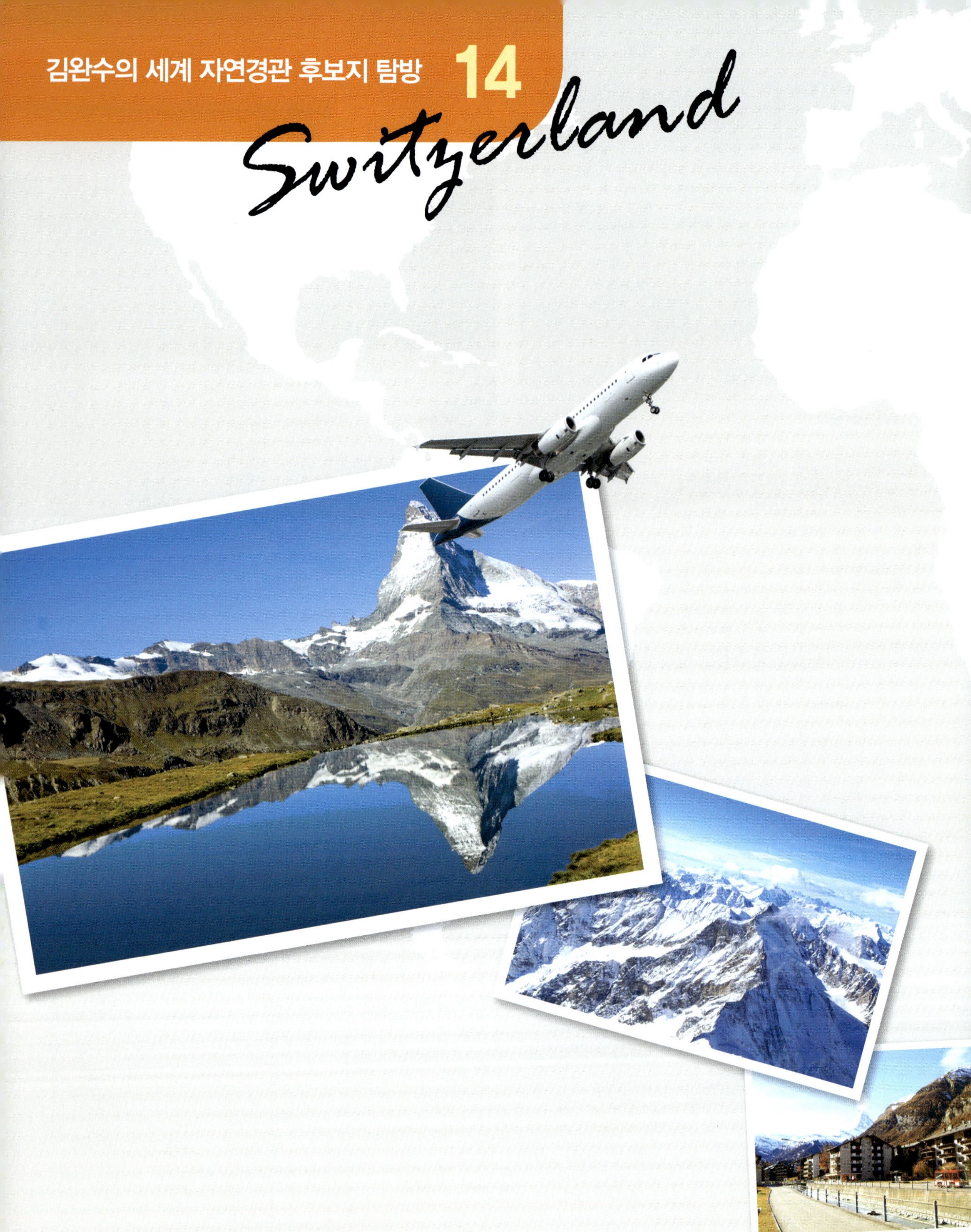

마테호른(Matterhorn)

지상을 떠난 헬기가 알프스의 고봉을 향해 날개짓을 시작한다. 기기묘묘한 형태의 눈꽃세상이 펼쳐지고 오랜 시간 쌓인 눈이 망부석처럼 '눈의 기암괴석'을 형성하고 있었다.
그 수많은 망부석들은 마치 자신을 만나러 올 사람들을 기다리고 있는 것만 같았다.

스위스의 알프스. 이 단어는 여행을 꿈꾸는 사람들의 마음을 설레게 한다. 왠지 알프스에 가면 기분이 좋아질 것 같고, 순박한 목동과 알프스의 소녀 하이디를 만날 것만 같다. 풀밭에서는 젖소들이 한가로이 풀을 뜯고, 오솔길 양 옆으로는 에델바이스가 피어나고, 불어오는 산들바람에는 싱그러운 풀내음이 가득할 것만 같은 알프스.

누군가 말했다. 알프스의 참모습을 알려거든 알프스 속으로 들어가야 한다고. 알프스에서 시작하여 알프스에서 끝난다는 스위스 여행, 환상처럼 다가오는 '알프스 중의 알프스 마테호른'의 매력을 찾아갔다.

마테호른은 세계의 명봉으로 꼽히는 산이다. 우리나라의 한라산처럼 우뚝 서 있는 피라미드형 산으로서 해발 4,478m의 높은 산이다. 산의 형상이 뾰족하여 '영혼이 깃든 산', '전설의 산'으로 전 세계인으로부터 많은 사랑을 받고 있다. 체르마트 시내 어느 곳에서나 보이는 우뚝 솟은 마테호른은 마치 '체르마트의 수호신'처럼 보인다. 뾰족한 산의 형상은 미국 파라마운트 영화사의 심벌 로고로

•마테호른
마테호른(Matterhorn)은 스위스 체르마트 마을에서 남서쪽으로 10km 떨어져 스위스와 이탈리아의 국경 양쪽에 걸쳐 있다. 스위스 쪽에서 볼 때는 홀로 서 있는 뿔 모양의 봉우리 같지만 실제로는 능선의 돌출한 끝부분이며 스위스 경사면은 이탈리아 경사면의 계단식 장벽처럼 가파르거나 오르기가 어렵지 않다.

도 유명하다.

　마테호른은 햇빛에 따라 시시각각 옷을 갈아입으며 스스로의 자태를 뽐내고 있고, 봉우리를 감싸는 구름은 마테호른을 더욱 신비롭고 웅장하게 만든다. 특히 마테호른 정상의 끄트머리에 살포시 앉아 있는 솜털구름은 스스로가 '알프스의 여왕'임을 선포하고 있는 것만 같다. 기묘한 자태, 파노라마처럼 펼쳐지는 신비감에 서서히 동화되면서 영혼마저 깨끗해지는 느낌이다.

스위스의 영혼이 담긴 도시 체르마트

마테호른 관광의 거점도시인 체르마트를 일컬어 스위스인들은 '스위스의 영혼이 담긴 도시'라고 말한다. 도시 자체는 작고 아기자기하지만, 시내 어느 곳에서나 보이는 우뚝 솟은 마테호른의 웅장함과 신비로움은 왜 스위스인들이 이곳을 스위스의 영혼이 깃든 도시라고 하는지 금방 이해할 수 있다.

스위스인들의 자부심이 담긴 말처럼 마테호른은 지금 세계적인 휴양지가 되었다. 도시 주변에 마테호른을 비롯해 해발 4,000m급 고봉이 30개가 밀집되어 있어 산악인들의 발길이 줄을 잇고 있다.

산악인들뿐만 아니라 일반 여행객들의 발길도 줄을 잇고 있다. 알프스의 자연경관과 자연의 손길이 내려준 선물 같은 코스들이 연이어 펼쳐져 있기 때문이다. 이곳을 찾는 여행객들은 봄부터 가을까지는 하이킹을 하고, 겨울에는 스키를 타며 알프스의 정취를 느낀다. 또한 등산열차나 케이블카를 타며 클라인 마테호른, 고르너그라트에 올라 대자연의 파노라마를 만끽한다.

역에서 교회까지 일직선으로 뻗은 약 500여 미터의 거리가 체르마트의 중심가인 반호프 거리이다. 상점과 레스토랑 호텔이 늘어서 있으며 사시사철 관광객이 북적인다.

체르마트 시내*가 평화로운 또 하나의 이유는 시내 모든 구역이 보행자 전용 도로이기 때문이다. 가끔씩 마차나 전기 자동차가 다닐 뿐 체르마트에는 자동차가 다니는 것을 볼 수 없다. 그렇기 때문에 체르마트에 차를 가지고 온 사람이라도 차는 체르마트 바로 전(前) 역에 주차를 해야 한다. 자동차가 없다는 것만으로도 도시의 모습이 어찌나 평화로운지 전혀 새로운 공간에 와 있는 것 같았다.

반호프 거리에서 살짝 꺾어 좁은 길로 들어가자 스위스 특유의 건물 양식으로 지어진 곡물창고가 나온다. 스위스의 건물들은 쥐의 침입을 막기 위해 입구

기둥 꼭대기 등에 역경사를 이루도록 높은 판자를 부착하였다. 아름다운 꽃들로 장식된 창가와 이층 창문으로 들어가는 산타클로스 할아버지의 앙증스러운 뒷모습에서 체르마트의 아기자기함을 엿볼 수 있었다.

유럽에서 가장 높은 전망대 '클라인 마테호른'

본격적으로 마테호른을 느껴보기 위해 전망대인 클라인 마테호른에 오르기로 한다. 클라인 마테호른은 표고 3,883m로 마테호른과 브라이트호른(4,164m)의 중간부에 있는 유럽에서 가장 높은 곳에 있는 전망대이다.

반호프 거리에서 마테호른 시내의 최고 전망 포인트인 다리를 지나 천(川)을 따라 오르다 보면 클라인 마테호른 전망대행 로프웨이 승강장이 나온다. 로프웨

이를 타고 가다가 중간 정류장인 푸리와 트로케너슈테크에서 로프웨이를 갈아 탄다.

표고 2,939m인 이곳에는 카페 레스토랑, 빙하 동굴, 서머스키와 스노보드슬로 프로 가는 출입구, 그리고 표고 3,883m 전망대로 올라가는 엘리베이터가 있다. 꼭대기에 있는 전망 테라스에는 마테호른과 브라이트호른이 눈앞에 어른거린다.

마테호른은 역시 '알프스의 여왕' 다운 면모를 자랑하고 있었다. 뿐만 아니라 4,000m급 산들이 줄지어 있어 그야말로 산들의 파노라마가 펼쳐지고 있었다. 표고가 높아 공기가 조금 희박한 것 같긴 하지만, 불편할 정도는 아니었다. 넋을 놓고 마테호른을 바라보고 있는데 세찬 바람이 몰아쳤다. 바람이 세다 싶었는 데, 클라인 마테호른을 오르는 마지막 정상 길을 로프웨이의 출렁거림으로 위험하다는 소식이 전해졌다. 산 정상에서 거세게 불어오는 바람은 마치 다음 번에 다시 오라고 손짓을 하는 것만 같았다.

클라인 마테호른의 카페 레스토랑에 앉아 마테호른을 찬찬히 살펴봤다. 저 철탑같이 뾰족한 마테호른 정상은 과연 어떻게 생겼을까? 햇빛을 받은 반쪽 얼굴은 바위로 된 얼굴이고, 다른 반쪽은 하얀 눈으로 가리고 있는데, 언제쯤 제 모습을 보여줄지 의문스러웠다.

사람이 사는 세상을 굽어 보는 듯한 마테호른 밑으로 스키를 타는 스키어들이 마치 재롱을 떠는 것처럼 보였다. 또한 마테호른의 허락 없이 마테호른을 탐하려던 사람들이 마테호른에게 용서를 빌고 있는 것처럼 느껴졌다.

짜릿한 충격, 헬기 타고 마테호른 정상 오르기

마테호른을 보기 위해 먼 길을 달려왔는데, 이대로 돌아갈 수는 없었다. 우여곡절 끝에 헬기를 타고 마테호른을 보기로 하였다. 항공여행은 날씨와의 궁합이 중요한데, 다행히 어제까지 짓궂던 날씨가 오늘은 쾌청하게 맑아 마테호른과 알프스의 고봉 진입을 허락하고 있다.

지상을 떠난 헬기가 알프스 속에 숨어 있는 체르마트 시내를 한 바퀴 선회한 후 알프스의 고봉을 향해 비행한다. 그리고 눈 아래 펼쳐지는 기기묘묘한 형태의 눈꽃세상. 사람의 손이 닿지 않은 듯 고고하게 서 있는 산은 오랜 시간 쌓인 눈이 마치 망부석처럼 '눈의 기암괴석'을 형성하고 있었다. 그 망부석들이 혹 자신을 만나러 올 사람들을 기다리고 있는 건 아닐까?

드디어 산 능선을 넘으니 마테호른이 보인다. 아무런 걸림돌 없이 정면으로 바라보는 마테호른에서 형언할 수 없는 경외감을 느낀다. 하늘에서 바라보는 마

테호른은 지상에서 보는 것과는 느낌부터 다르다. 지상에서 바라보는 마테호른이 멋있다라면, 하늘에서 바라보는 마테호른은 성스럽기까지 했다.

헬기가 마테호른의 모서리쪽을 향했다. 이 방향으로 계속 비행한다면 마테호른과 충돌을 할지도 모른다. 마테호른 모서리까지 돌진하는 순간, 충돌할 것 같은 공포감으로 눈을 꼭 감았다. 아무것이나 꽉 움켜잡았다. 그 순간 조종사가 내 손을 떨쳐내는 게 느껴졌다. 앞자리에 앉아 있던 내가 어쩌면 조종간을 잡았는지도 모르겠다. 마음을 진정하고 눈을 떠보니 노련한 조종사는 마테호른의 모서리 방향으로 상승해서 마테호른의 능선을 따라서 헬기를 조종하고 있었다.

어느 정도 오르니, 순간 더 오를 곳이 없는 꼭대기가 나타났다. 마테호른 정상이었다. 정상에는 하얀 눈이 바람에 날려 몇 평 남짓한 바윗돌만 정상을 지키고 있었다. 마테호른의 곁에는 수많은 알프스의 고봉과 눈덮인 산봉우리들이 함께 하고 있었다. 대자연의 경이로움에 머리 숙이며, 헬기는 계곡 속의 체르마트를 향해 내려가고 있었다. 헬기가 체르마트로 내려오고 있는데도 조금 전 마테호른과 헬기가 충돌할 뻔한 당시의 충격과 쾌감이 잊혀지지 않았다. 헬기를 타고 마테호른을 오른 일은 여러 모로 잊지 못할 하늘여행이었다.

🚩 등산열차 타고 올라가는 고르너그라트 전망대

체르마트에는 또 하나의 명물이 있다. 바로 고르너그라트 전망대행 등산열차이다. 체르마트역에서는 표고 3,130m을 오르는 고르너그라트 전망대행 등산열차를 운행하고 있다. 빨간색 등산열차를 타고 오르다 보면 오른쪽으로 마테호른이 보인다. 바흐 폭포가 있는 핀델라역, 리텔알프 리조트가 있는 리텔알프역, 하이킹 코스의 기점인 로덴보텐역을 지나면 온통 바위길이다.

정상 부근에 다가오면 거대한 고르너 빙하가 보인다. 종점인 고르너그라트 역 앞에는 선물가게가 있으며 전망대 테라스와 호텔은 걸어서 올라갈 수가 있다. 전망대에 오르면 정면에 마테호른(4,478m), 브라이트호른(4,164m), 리스캄(4,527m), 스위스 최고봉인 몬테로사(4,634m)가 있다. 고풍의 고르너그라트 전망대는 돔 형식 지붕이 주위 풍경과 잘 어울렸다.

전망대에서 보면 발 아래 계곡을 메운 고르너 빙하가 있다. 빙하를 바라보고 있자니 빙하를 걷고 싶은 충동이 생겼다. 눈 덮인 호숫가 역시 걷고 싶은 마음을 자극하였으며, 하이킹을 하고 싶은 마음이 굴뚝같았다. 대자연은 언제나 그렇게 이방인을 기다리고 있었다. 봄, 여름, 가을, 겨울 언제고 다시 한번 찾아오리라 다짐하였다.

마테호른 최초 등정자 에드워드 윔퍼와 조난자 묘지

마테호른을 처음 등정한 사람은 영국의 등반가 에드워드 윔퍼였다. 그는 1865년 7월 14일 대원 5명과 함께 32시간의 등반 끝에 마테호른을 최초로 올랐다. 그러나 안타깝게도 내려올 때 대원 4명이 북벽 아래 1,200m 지점으로 추락하는 사고가 발생하였다. 그 당시 조난사고를 당하여 끊어진 자일 등은 체르마트에 있는 마테호른박물관에 전시되어 있으며, 등반 당시 머물던 호텔에는 에드워드 윔퍼의 부조가 호텔 외벽에 걸려 있다. 이 부조에는 '윔퍼와 그의 등반 동료들은 이 호텔에 머물렀고, 마테호른을 최초로 등정을 완료했다'고 써 있었다.

반호프 거리의 가톨릭교회 뒤에는 마테호른에서 조난당한 등산가들이 잠들어 있는 묘지가 있다. 한 가지 특이한 점은 등산가 묘지답게 비석에다가 등산용 피켓을 감아놓고 추모하고 있다는 점이었다. '살아서도 마테호른, 죽어서도 마테호른'이었던 산 사나이들은 그렇게 영원히 산을 사랑하고 있었다.

체르마트에는 볼거리 외에도 또 하나의 명물이 있다. 바로 체르마트의 경사면 1,400~1,600m 포도밭에서 재배한 '하이다 와인●'이다. 체르마트의 반호프 거리의 모퉁이에 있는 와인 레스토랑에서 하이다 와인잔을 기울이며 체르마트에서의 마지막 밤을 보냈다.

하이다 와인의 맛과 향에 취한 채 반호프 거리를 거닐어 봤다. 문득 '천국은 술 먹고 해롱해롱 하는 것'이라는 말이 생각났다. 멀리서 초승달이 체르마트에서의 나를 지켜보고 있었다.

●하이다 와인
하이다 와인은 생산량이 적어서 체르마트 방문객과 현지인만이 마실 수 있는 와인으로 화이트 와인만 생산한다. 알코올 도수는 14.5도로 약간 높은 감이 있으나 상큼한 맛과 향이 일품이다.

Italy

베수비오 산(Vesuvio Mt.)

분화구는 그리 오래지 않아 모습을 드러내기 시작했다.
푹 파인 웅덩이는 '웅덩이'라 부르기엔 너무도 거대해서 온몸에 전율이
일어날 지경이다. 악마가 분노에 가득 찬 듯 커다란 입을 한껏 벌린 채
사람들을 주시하고 있었다.

지금으로부터 약 2000년 전, 로마 귀족들의 멋진 휴양도시였던 폼페이에 엄청난 재앙이 닥쳤다. 이탈리아 남부에 위치한 폼페이는 푸른 지중해를 마주하고 뒤로는 베수비오 산이 우뚝 서 있는 아름다운 도시였는데, 바로 그 베수비오 산이 폭발을 일으키면서 엄청난 화산재가 도시 전체를 뒤덮어버린 것이다.

지진으로 퍼진 독가스 때문에 미처 도시를 빠져나가지 못한 사람들은 화산재 아래에 그대로 묻히고 말았다. 무려 3~6m 두께에 이르는 엄청난 양의 화산재였다. 그런데 재앙은 거기에서 끝나지 않았다. 화산이 폭발한 뒤에 비가 내린 것이다. 비는 도시를 뒤덮은 두꺼운 화산재를 콘크리트처럼 딱딱하게 만들어 폼페이를 그대로 암흑 속에 가두어버렸다.

베수비오 산이 일으킨 그날의 엄청난 폭발은 고대 도시 폼페이를 장장 1700년 동안이나 화산재 아래에 가둬둔 채 흔적조차 없이 사라지게 만들었다.

지금도 꿈틀거리고 있는 활화산

배수비오 산은 서기 79년 8월에 폭발해 폼페이를 삽시간에 집어삼키면서 2,000여 명의 목숨을 앗아갔다. 그로부터 약 1700년이 지난 1748년, 한 농부가 샘을 파다가 오래된 극장을 발견하기 전까지는 도시 전체가 타임캡슐에 갇힌 듯 암흑 속에 묻혀 있어야만 했다.

배수비오 산의 폭발은 그 이후로도 계속되었다. 사실 기원전 8세기에 이미 분화했던 배수비오 산은 79년의 대분화 이후에도 수십 회에 걸쳐 산꼭대기와 산허리에서 폭발해 용암을 분출했다. 1631년에는 반 년 가까이 진동을 일으키다 폭발해 많은 주민들을 희생시켰고, 이후에도 진동을 멈추지 않아서 산의 모습이 계속 변화하고 있다 한다.

아름다운 항구도시 나폴리•를 상징하는 풍경인 베수비오. 유럽에서 보기드문 활화산으로 18세기 후반부터는 약 50년 주기로 분화해 수많은 생명을 앗아갔으니 또 언제 어떻게 분화를 일으킬지 모를 공포의 대상이다.

수많은 노래와 그림, 문학작품에 등장해 온 그 베수비오 산을 찾아가려니 여느 때와는 달리 몸이 먼저 긴장을 하는 듯 느껴진다. 베수비오 산의 분화구에서는 지금도 유황 냄새가 코를 찌른다고 한다.

쉬이 잊지 못할 나폴리의 야경

베수비오 산은 나폴리에서 차를 타고 직접 가거나, 기차를 타고 폼페이에 도착해 그곳에서 버스로 찾아갈 수도 있다. 폼페이에서는 40~50분 정도가 걸린다. 약 230년 전 독일의 대문호 괴테는 이탈리아 여행지에서 마차와 노새를 타고 베수비오에 올라갔다고 한다.

세계 3대 미항 가운데 하나인 나폴리는 지중해 무역의 거점이라는 입지 때문에 그리스를 비롯해서 로마제국, 프랑스, 스페인 등의 지배를 받았고 그로 인해 다채로운 문화를 꽃피웠다. 베수비오 화산이 선물한 비옥한 토양 위에서 농업이 발달했고, 아름다운 산타루치아 항과 카프리 섬, 아말피 해안 등 천혜의 자연경관이 구성진 나폴리 민요나 음식문화(나폴리는 피자의 본고장이다) 등과 어울려 세계적인 관광도시로 성장했다. 특히 해안선을 따라 불빛이 수놓인 나폴리의 야경은 이방인들에게 쉬이 잊지 못할 아름다운 밤을 선사했다. 그것은 나폴리에서 태어난 세계적인 여배우 소피아 로렌의 눈빛처럼 너무도 매혹적이다.

악마의 입, 드디어 모습을 드러내다

차를 타고 갈 수 있는 곳은 베수비오 산 중턱에 위치한 주차장까지다. 꾸불꾸불한 2차선 도로를 따라 차가 오르는데, 중턱에는 베수비오 호텔과 레스토랑이 있어서 멋진 나폴리 항을 바라보며 휴식을 취할 수 있다.

'별은 멀리서 바라봐야 아름답다'고 했던가. 활처럼 휘어진 나폴리 항은 가까운 나폴리 언덕에서 바라볼 적에는 큰 감흥을 주지 않더니, 베수비오 산 중턱에 올라서 바라보자 비로소 세계 3대 미항으로서의 진면목을 보여주는 것 같았다.

벌써 두 번째 이곳에 온 것인데, 처음 왔던 날은 베수비오 산을 덮은 구름과 비 때문에 아예 개방을 안 해 허탕을 치고 돌아가야 했다. 산 중턱인 이곳의 높이는

해발 800m 정도, 여기서 분화구가 있는 정상까지는 860m를 올라가야 한다.

등산로에 들어서니 바닥이 파삭파삭하게 밟히는 것이 여느 산들과는 사뭇 다른 화산재로 된 가벼운 돌들이 길을 안내하고 있었다. 오르는 길은 큰 불편은 없었지만 안타깝게도 비로 인해 도로 곳곳이 유실되어 있었다. 경사진 곳을 오르다 숨이 차오르면 아름다운 나폴리 항에 시선을 보내면서 여유롭게 산을 올랐다.

분화구는 그리 오래지 않아 모습을 드러내기 시작했다. 푹 파여진 웅덩이는 '웅덩이'라 부르기엔 너무도 거대해서 온몸에 전율이 일어났다. 악마가 분노에 가득 찬 듯 커다란 입을 한껏 벌린 채 사람들을 주시하고 있었다.

베수비오 정상에서 분화구 안을 바라보았다. 원망의 눈초리로. 붉은 바닥에는 물이 고여 있지 않았는데 비가 내리면 물이 바닥에 고일 새도 없이 화산토 속으로 스며든다고 한다. 분화구 안에서는 지금도 연기가 모락모락 피어나고 있었다.

악마의 입이 언제 어떻게 또 분노를 토해낼지는 아무도 모르는 일. 약 2000년 전 폼페이를 삼킨 이후에도 베수비오는 여러 번 용암을 분출해 경고를 보냈건만 사람들은 오늘도 이곳에 한발 더 다가가지 못해 안달인 듯해 보였다.

몸을 돌려 산 아래쪽을 바라다보았다. 눈앞에 펼쳐진 나폴리 해안의 아름다운 전경. 활처럼 휘어진 나폴리 항과 정박해 있는 여객선, 아름다운 집, 그리고 '돌아오라 소렌토로'라는 나폴리 민요로 더 잘 알려진 소렌토 항, 아름다운 카프리 섬과 비운의 도시 폼페이까지…… 아름다운 항구와 섬, 그리고 쪽빛 바다가 절묘하게 어울려 멋진 앙상블을 빚어내고 있었다.

'나폴리를 보고 죽어라'는 유명한 속담은 카스텔 델로보 •에서 바라보는 베수비오 산과 소렌토 반도, 넘실거리는 지중해의 풍경이 그만큼이나 아름답다는 의미라고 했다. 하지만 나는 베수비오 산 정상에서 바라보는 모습이 그보다 훨씬 절경이라 느껴졌다. 나폴리 항과 소렌토, 그리고 지중해와 카프리 섬이 어우러진 광경은 단연코 세계적으로도 손꼽힐 만한 아름다움이 아닐 수 없다. '나폴리를 보고 죽어라'는 말도 아마 베수비오, 이곳에 있는 것이 아닐까. 비록 등 뒤에서는 '악마의 입'이 하늘을 향해 입을 쩌억 벌리고 있지만 말이다.

아름다운 소렌토의 해변을 옆에 두고 널찍하게 자리 잡은 폼페이의 모습이 보였다. 푸른 녹지대와 듬성듬성 서 있는 옛 건물들을 보니 나도 모르게 폼페이 최후의 그날이 떠오른다. 베수비오가 뿜어낸 화산재는 왜 나폴리로 향하지 않고 폼페이를 덮쳤던 것일까? 아마도 북쪽에서 바람이 불어와 남쪽에 있는 폼페이

• 카스텔 델로보
카스텔 델로보(Castel Dell'Ovo)는 '달걀성'이라는 뜻으로, 감옥의 모양이 달걀을 닮았기 때문에 이 이름이 붙여졌다는 설이 있다. 12세기에 노르만족이 나폴리의 해안을 담당하는 요새로 세웠으며, 그 후 몇 세기 동안 왕가의 거주지였고, 감옥으로 사용되기도 했다.

를 향하지 않았을까? 또 뜨겁고 무거운 용암은 바람과 관계없이 산 밑에 위치한 도시 헤르쿨라네움•에 쏟아져 바다 속으로 밀어내지 않았을까? 하지만 눈앞에 펼쳐진 풍경은 그날의 아비규환은 잊어버린 듯 너무도 완벽하게 아름다웠다.

악마의 입에 들어가 보니

　베수비오의 분화구는 타원형의 입술 모양으로 생겼는데 큰 쪽의 지름이 800여 미터이고 깊이는 약 300m나 된다. 분화구 안으로 사람이 직접 들어가는 것은 위험하고도 힘든 일인데, 모험심 강한 사람들이 종종 자일을 타고 들어가는 모양이었다. 품새가 세계 각지를 돌아다니는 여행가라는 걸 느낀 현지인이 내게 함께 분화구에 들어가지 않겠느냐고 권해왔다.

　결국 우리는 경계 울타리를 넘어 분화구 아래로 들어갔다. 비가 와서 조금 미끄럽긴 했지만 화산재로 된 흙이라서 밟고 내려가기가 그리 어렵지 않았다. 분화구 안으로 들어가니 여기저기서 유황 연기가 올라오고 지독한 유황 냄새가 코를 찔렀다. 베수비오가 언제 다시 폭발할지 모른다는 사실이 실감나면서 몸이 자꾸 움츠러드는 것 같았다.

　한참을 더 내려가니 분화구 속에 안개가 모여 있고 낭떠러지도 보였다. 안내인은 위험해서 더는 못 내려가겠다고 했다. 위를 올려다보니 하늘과 안개, 그리고 타원형으로 뚫린 거대한 분화구의 모습뿐. 나는 마치 큰 웅덩이에 빠진 사람마냥 잠시 혼란스러워졌다.

　유황 냄새는 점점 진동하고 바깥에 있던 안개가 분화구 안으로 들어왔다. 그 좋았던 날씨는 순식간에 안개로 뒤덮였다. 안내인이 '야호'를 소리쳐 보라고 했다.

　분화구 속에서 '야호'를 외쳤더니 분화구 벽 쪽에서 2~3초 후에 '야호' 소리가 되돌아왔다. 그 넓은 분화구 안에서 되돌아온 자신의 목소리를 들으니 무척이나 신기했다.

타임캡슐에서 나온 고대 도시 폼페이

베수비오에서 내려와 비운의 도시 폼페이를 찾았다. 폼페이에 온 건 이번이 벌써 세 번째지만 올 적마다 왠지 모를 포근함과 경건함이 느껴졌다. 유럽을 통틀어 이보다 매력적이고 드라마틱한 유적지가 있을까 싶다. 나폴리와 소렌토 등에서도 쉽게 베수비오 산을 볼 수 있지만 폼페이 유적지에서 바라보는 베수비오는 뭔가 가슴 뭉클하고 경건했다.

폼페이를 걷다보면 사람 형상을 한 석고상을 볼 수 있는데 대자연 앞에 한없이 나약해진 인간의 절규가 가슴을 미어지게 했다. 폼페이 최후의 그날, 갑자기 덮친 용암을 미처 피하지 못한 사람들이 뜨거운 열로 인해 녹아 빈 공간이 생겨버린 것을 그 자리에 석고를 부어 형을 떠서 만든 것이었다. 당시 처절하게 죽어갔던 사람들의 모습을 그렇게라도 만들어서 현 시대의 사람들이 볼 수 있도록 한 것이다.

폼페이의 유적지를 돌아보면서 문득 이런 생각이 들었다.

'베수비오의 화산 폭발이 없었더라면 지금 이 순간의 폼페이가 과연 존재할 수 있었을까?'

도시 전체를 집어삼킨 엄청난 대재앙은 2000년이라는 시간을 뛰어넘어 오늘 우리 앞에 고대의 모습 그대로를 생생하게 보여주고 있었다.

Poland

마수리안 호수(Masurian Lakes)

움직이는 차창 밖으로 끊임없이 모습을 드러내는 크고 작은 호수들. 눈에 보이는 세상은 이미 이제껏 한 번도 본 적이 없는 현실 너머의 것이었다. 나는 지금, 마수리안 호수지대에 와 있다.

살아 있는 지구가 또 하나의 놀라운 절경을 창조해낸 곳이 있다. 이곳의 주인은 갈대와 철새들. 하얀 돛을 단 날렵한 요트나 시간 가는 줄 모르는 강태공, 혹은 전 세계에서 모여드는 수많은 이방인들은 이곳에선 늘 조연에 머물 뿐이다. 그래도 조연이나마 다시 이곳을 찾게 되는 건 마음이 향하는 대로 그저 솔직한 발걸음을 옮겼기 때문이다.

죽음의 수용소 아우슈비츠와 피아노 천재 쇼팽의 나라 폴란드. 이 나라가 가진 또 하나의 얼굴은 세계 최대의 호수군 지역인 마수리안 호수에 있다. 어린아이가 손으로 대충 그린 것 마냥 길기도 하고, 짧기도 하고, 단정하기도, 울퉁불퉁하기도 한 크고 작은 호수들이 자그마치 2,000여 개나 모여 있다.

폴란드 북동부에 위치한 마수리안 호수지대는 비스툴라 강 하류에서 남쪽으로 폴란드와 리투아니아 국경에 이르는 약 290km에 걸쳐 있고 면적은 대략 52,000km² 정도다. 홍적세 빙하기에 형성된 이곳은 지역의 15% 이상이 물로 덮여 있을 만큼 호수들이 밀집되어 있는데, 이곳의 언덕들은 주로 빙퇴석의 일부이며 많은 호수들의 경우 빙퇴석으로 둑이 형성되어 있다.

광활한 호수지대를 통하여 살아 있는 지구는 우리에게 또 어떤 메시지를 전하
려는 것일까. 한 번 궁금해진 마음은 쉬이 사그라지지가 않았다.

쇼팽과 퀴리부인의 나라 폴란드

폴란드는 쇼팽은 물론 노벨물리학상과 화학상을 수상한 퀴리부인의 고향이기도 하다. 러시아와 독일 등 강대국에 둘러싸여 수많은 외부의 침략과 지배를 받았으나 꿋꿋하게 고유의 문화를 지켜온 것이 우리와 매우 유사하다. 16세기에는 '유럽의 곡창지대'로 불리며 유럽 최대의 전성기를 누렸는데, 이 시기는 폴란드의 천문학자이자 지동설의 주인공인 코페르니쿠스가 활약한 때이기도 하다.

천 년의 역사를 자랑하는 옛 수도 크라쿠프 인근에는 세계적인 유산 두 군데가 있다. 하나는 유대인 강제수용소였던 아우슈비츠이며, 다른 하나는 유럽에서 가장 오래된 비엘리치카 소금광산이다.

수백만 유대인이 학살당한 비운의 수용소 아우슈비츠. 폴란드 정부는 청소년들에게 아우슈비츠를 의무적으로 방문해 슬픈 역사를 바로 보게끔 하고 있다. 2005년 선종한 교황 요한 바오로 2세가 폴란드에서 태어난 것은 어쩌면 우연이 아닐는지 모른다.

마수리안 호수 여행은 보통 바르샤바에서 출발한다. 바르샤바는 폴란드의 현재 수도로 문화, 경제, 정치의 중심지다.

폴란드가 사회주의 국가의 틀을 벗어난 지는 고작 20여 년 정도밖에 안 되었지만 바르샤바의 도시 분위기는 밝고 사람들은 경쾌해 보였다. 특히 성(性)에 대해 개방적이어서 날씨 좋은 날에는 공원 잔디밭에서 상반신을 벗은 여인들을 곧잘 볼 수 있고, 일반 TV에서도 성을 소재로 한 코미디가 인기를 끌었다.

바르샤바 시내는 구시가지와 신시가지로 나뉘는데 구시가지는 세계문화유산으로 지정되어 있다. 이곳에는 퀴리부인박물관과 구소련의 스탈린이 선물한 문화과학궁전이 있으며, 37층의 문화과학궁전에서는 바르샤바 시내가 한눈에 내려다보인다.

바르샤바대학 앞에 자리 잡은 성십자가교회*는 금과 은을 많이 사용해 화려하면서도 장엄한 느낌이었다. 인근에는 쇼팽박물관과 와지엔키궁전 등 많은 유적과 볼거리들이 있는데 특히 와지엔키궁전은 러시아의 여황제 예카테리나 2세의 연인이었던 폴란드의 마지막 왕 포니아토프스키의 별궁으로 도심 속 휴식처가 되어주고 있다.

바르샤바에서 마수리안 호수 지대를 여행하기 위해서는 기차로 그단스크** 까지 이동한 뒤 다시 기차를 갈아타거나 바르샤바에서 차량으로 호수 지대를 직접 들어가면 된다.

 ## 끊임없이 이어지는 크고 작은 호수들

바르샤바에서 마수리안 호수로 가는 길은 북으로 북으로 향해 있다. 가장 규모가 큰 호수인 시니아르드비 호수의 마을인 미콜라이스키까지는 약 300여 킬로미터로 차를 타고 4시간쯤 걸린다. 폴란드의 드넓은 초원과 곡창지대가 초록 물결을 이루고 드문드문 전형적인 시골 마을의 모습과 중세 건물들이 눈에 띄어 가는 동안 마음이 한결 푸근하고 여유로워지는 것 같았다.

마수리안 호수에 거의 다다를 무렵, 호수에서의 각종 활동과 호텔 등을 광고하는 간판들이 줄을 지어 나타나기 시작했다. 그리고 드디어 마수리안에서 처음 만나는 자그마한 호수. 호수 주변은 푸른 숲으로 둘러싸이고 숲과 강을 배경삼아서 소박한 집 한 채가 이방인을 반겨줬다.

호수는 지상의 모든 것을 너른 품에 안아 그대로 비춰주고 있었다. 숲과 집, 그리고 파란 하늘을 유유히 흘러가는 구름까지…… 아무런 조건 없이 세상을 있는 그대로 묵묵히 받아들임으로써 세상을 더욱 아름답고 조화롭게 만들어주고 있는 것만 같다.

언덕에 다다르니 또 다른 호수가 모습을 드러내고 나룻배 위에 서서 한가로이

낚시를 즐기는 강태공들이 보였다. 이곳에서 그들의 시간은 분명 도시와는 다르게 흘러갈 것이다.

움직이는 차창 밖으로 끊임없이 모습을 드러내는 크고 작은 호수들. 눈에 보이는 세상은 이미 이제껏 한 번도 본 적이 없는 현실 너머의 것이었다.

요트의 천국, 시니아르드비

마수리안의 호수들 가운데 가장 규모가 큰 시니아르드비 호수는 면적이 약 114km²에 깊이는 23m 정도 된다. 호수가 너무 넓다 보니 마치 바다처럼 보이는데, 그 위를 수많은 요트들이 넘실거리고 관광객을 태운 유람선이 다닌다.

시니아르드비 호수와 인접한 마을인 미콜라이스키는 아름다운 항구도시의 모습 그대로였다. 좁은 수로를 가로지르는 아름다운 다리, 호수 주변에 줄지어선 레스토랑과 상점들, 정박한 채 손님을 기다리는 유람선과 세련된 요트들……
바다처럼 드넓은 호수의 한가운데로 나아가보고 싶어 유람선을 탔다.

아기자기한 항구도시의 정취로 가득한 마을을 뒤로 한 채 배는 천천히 강으로

나아갔다. 백조와 청둥오리들이 호숫가를 맴돌고, 보트 한 대가 수로를 따라 호숫가로 나오는 게 보였다. 점점 작아져만 가는 저 아름다운 마을은 내가 알지 못하는 수많은 이야기들을 간직하고 있을 것이다.

배가 호수 한가운데로 나아가니 마치 대양으로 향하는 듯한 착각이 들었다. 고요한 호수 한가운데서 망망대해에 나와 있는 것처럼 가슴이 탁 트였다.

'요트의 천국'이 있다면 바로 이곳을 말하는 게 아닐까. 돛을 내린 채 호숫가에 몸을 기대고 있던 요트들이 어느 틈엔가 호수로 나와 움직이고 있었다. 적당히 불어오는 바람은 요트를 즐기는 이에게 반가운 소식일 터. 돛을 세워 바람과 함께 움직이다가 바람이 잦아들면 돛을 내리고 동력엔진을 이용해 집으로 돌아갈 것이다.

호수 주변에 춤을 추듯 이리저리 흔들거리는 물결이 있어 무엇인가 보았더니 다름 아닌 갈대다. 고개를 돌려 하늘로 향하니 철새들이 사람 '인(人)' 자를 그리면서 질서정연하게 날아가고 있었다. 유람선에 몸을 실고 바람과 갈대, 철새들이 펼치는 화려한 쇼를 한없이 감상했다. 그렇게 얼마의 시간이 흘렀을까. 인간의 모습은 그 어디에도 없고 자연만이 오롯이 존재하고 있을 뿐이다.

백조의 놀이터, 맘리

마수리안 호수지대에서 두 번째로 큰 호수의 이름은 '맘리'다. 맘리 호수는 면적이 105km²에 깊이는 약 44m로 꽤 깊은 편이고 특히 백조가 많아서 '백조의 호수'라는 애칭을 붙여주고 싶었다.

맘리 호수와 인접해 있는 기지츠코 마을은 규모가 조금 큰 편인데 대중교통이 발달되지는 않아서 기차를 이용하거나 바르샤바에서 차량으로 가야 했다.

맘리 호수 주변은 정박해 있는 수많은 요트들 때문에 마치 요트 항처럼 보였는데, 특히 가족과 함께 요트 여행에 나선 사람들의 모습이 그냥 보기만 해도 정겹게 느껴졌다. 맘리 호숫가에 정박해 있는 요트만 해도 셀 수 없을 지경인 데다 수로를 따라 들어오는 요트들도 많아서 눈 깜짝할 사이 호수 전체가 요트로 뒤덮이는 장관이 연출되기도 했다.

맘리 호수를 뒤덮은 또 다른 주인공은 바로 백조와 청둥오리들이다. 특히 청둥오리가 마치 백조의 새끼인 양 백조 뒤를 졸졸 쫓아다니는 모습이 이방인들에게 즐거움을 선사해 주었다.

저 멀리 백조 한 마리가 머리를 물속에 처박고 있는 게 보였다. 우아함의 대명사인 백조가 물속에 머리를 처박은 모습에 사람들의 이목이 쏠렸는데, 얼마 안 가서는 아예 두 다리를 공중에 띄운 채 물구나무서기를 하는 것이 아닌가. 물고기를 잡는 것일까, 아니면 해초를 따먹는 것일까. 사람들의 궁금증은 더해만 가는데 잠시 뒤 백조는 쇼를 멈추고 언제 그랬냐는 듯 다시 원래의 우아한 자태로 돌아갔다.

마수리안의 맘리 호수에서는 색다른 쇼가 펼쳐지고 있었다. 너른 호수를 배경으로 한 요트와 백조들의 새하얀 군무가 바로 그것이다.

장장 290km에 걸쳐 있는 마수리안의 광활한 호수지대를 모두 경험할 수는 없었다. 하지만 그곳에 담겨 있는 대자연의 메시지는 아주 어렴풋이나마 짐작이 가는 듯했다.

Tanzania

킬리만자로(Kilimanjaro)

킬리만자로는 급한 걸음을 허락하지 않았다.
화산이 덮이고 덮인 산으로 천천히 아주 천천히 자신의 호흡대로 올라올 것을 주문하였다. 그렇게 올라간 킬리만자로의 정상에서 붉은 일출과 빙하를 보았다. 영원히 녹지 않을 것처럼 보였던 킬리만자로의 빙하는 인생의 눈물처럼 흐르고 있었다.

킬리만자로를 오르는 걸음은 꼭 구도자의 그것을 닮아야 한다. '뽈레, 뽈레!' 천천히 아주 천천히 산을 따라 걸음을 옮겨야 한다. 빨리 걷는 사람이 이기는 것이 아니라 늦더라도 제 발걸음을 유지하는 사람이 진정한 승자가 될 수 있다.

킬리만자로의 킬리만(kilima)은 언덕, 자로(jaro)는 빛난다는 뜻을 지니고 있다. 두 단어의 뜻을 합치면 '빛나는 언덕', '빛나는 산'이 된다. 하지만 안타깝게도 이미 70~80%의 빙하가 녹아 내렸고, 앞으로 약 20년 후면 적도 아래 빛나던 킬리만자로의 눈은 전부 녹아내릴 것이라고 한다. 가슴 아픈 일이다.

아프리카 최고봉(5,895m)인 킬리만자로는 세로 50km, 가로 30km로 동쪽과 남쪽을 잇는 타원형으로 길게 자리 잡고 있다. 서쪽부터 시라봉, 키보봉, 마웬지봉 등 세 봉우리가 나란히 서 있다. 중앙에 있는 키보봉이 최고봉이며, 우후르피크라 부르기도 한다.

전체적으로 완만한 휴화산이며 적도에 있는 산으로는 드물게 빙하가 있어 더욱 유명하다. 약 200만 년 전부터 여러 차례의 화산 폭발이 거듭되면서 용암이 겹

●킬리만자로
아프리카 대륙의 최고봉이며 지구에서 가장 큰 휴화산이기도 하다. 1889년 10월 5일 독일 지리학자 한스 메이어, 오스트리아 산악인 루드비히 푸르첼러, 지역 가이드 요나스 로우와가 처음으로 등정에 성공했다. 킬리만자로란 스와힐리어로 '빛나는 산'이라는 뜻을 지니고 있으나 최근 백년간 85%의 만년설이 녹아 내려 사람들의 가슴을 아프게 하고 있다.

치고 또 겹쳐져 평원 위에 거대하게 우뚝 솟은 모양이 되었다. 킬리만자로는 특히 홀로 서 있는 산(free standing) 중에서 세계에서 가장 높은 산이다.

적도를 머리에 이고 있는 킬리만자로에서는 높은 곳에 오를수록 산소가 희박하기 때문에 반걸음, 반걸음씩 아주 천천히 구도자의 걸음을 걸어야만 했다. 100회 이상 킬리만자로에 올랐다는 현지인의 발뒤꿈치에서 평온함이 느껴진다. 저 발꿈치만 따라가면 킬리만자로의 정상에 오를 수 있을 것이다. 적도 아래 놓인 킬리만자로의 빙하를 향해 첫 걸음을 떼었다.

 킬리만자로가 나를 부르고 있다

지금은 킬리만자로가 케냐와 탄자니아의 국경 지대에 걸쳐져 있지만 원래는 케냐 지역에 위치하고 있었다. 그러나 킬리만자로가 아프리카 최고봉이라는 것을 안 당시 독일 황제 빌헬름 2세는 영국과의 협상 끝에, 영국령 식민지였던 킬리만자로를 독일령 탄자니아로 편입시켰다. 지금의 케냐와 탄자니아의 국경선이 킬리만자로의 동쪽에서 복잡하게 휘어진 이유가 바로 여기에 있다.

킬리만자로에 오르는 길은 마랑구 루트와 마차메 루트가 있으나 대부분 여행객들은 주로 좀 더 안전한 마랑구 루트를 이용해 산에 오른다.

킬리만자로에 오르기 위해서는 고산 적응을 위한 훈련과 휴식이 필요하다. 마음 느긋하게 먹고 꼼꼼히 준비해야만 고산병을 이기고, 킬리만자로의 정상에서 빙하를 만져보며 평생 잊지 못할 추억을 만들 수 있다.

킬리만자로까지는 케냐의 수도 나이로비에서 국경 마을인 나망가까지 차량으로 약 3시간 정도 가야 한다. 그곳에서 케냐의 출국 수속과 탄자니아 입국 수속을 동시에 받아야 한다. 나망가에서 탄자니아의 2대 도시인 아루사를 거쳐서 킬리만자로의 여행 거점 도시인 모시로 들어간다. 모시는 킬리만자로를 여행하기 위해 꼭 필요한 안내인, 포터, 요리사 등을 만날 수 있는 곳이다. 무엇보다 정상 등반을 위해서는 등반을 원하는 산악인보다 약 2~3배의 안내인, 포터, 요리사, 정상등반 동행요원 등과 함께 움직여야 한다는 사실을 명심해야 한다.

특히 모시는 우리나라의 한산모시처럼, 실제로 모시가 생산되는 지역으로 이곳에서 차량으로 1시간 정도 달리면 킬리만자로의 입구인 마랑구 게이트에 도착하면서 본격적으로 킬리만자로 등정을 위한 긴 여정이 시작된다.

킬리만자로 등반의 시작점 마랑구 게이트

마랑구 게이트는 해발 1,970m에 위치한 킬리만자로의 입구로 모시에서 마랑구 게이트까지는 계속 오르막이다. 만다라 산장, 호롬보 산장, 키보 산장의 수용 인원이 한정돼 마랑구 게이트에서 시간을 조절하여 겹치지 않도록 해준다.

킬리만자로가 주는 커다란 기쁨 중 하나는 봄, 여름, 가을, 겨울의 사계절을 이곳에서 동시에 맛볼 수 있도록 해준다는 것이다. 마랑구 게이트를 지나 만다라 산장까지는 여름을 만끽할 수 있는 열대우림 지역으로 거리는 약 8.2km, 등반 고도는 약 750m 정도로 3~4시간이 걸린다.

마랑구 게이트 입구를 지나면 폭 3~4m의 완만하고 서늘한 열대우림지대를 만나게 된다. 선선하고 그늘진 길을 따라 편하게 만다라 산장으로 걸어가면 된다. 해발 2,700여 미터에 있는 만다라 산장은 삼각형 모양의 나무집으로 태양열 전기를 이용하며, 함께 동반한 가이드들이 아침, 저녁으로 세숫대야에 따뜻한 물까지 데워서 가져다줄 정도다. 이들의 수고를 앉아서 받기란 민망한 일이었다.

만다라 산장을 지나면 킬리만자로의 3대 봉우리의 하나인 마웬지 정상을 바라보며 건조한 황무지 지대를 통과해야 한다. 이곳부터는 나무들의 키가 작아지는데 만다라 산장에서 호롬보 산장까지 거리는 약 11.7km 정도이며 약 6~7시간이 소요된다. 등반고도는 약 1,000미터, 드넓은 황무지를 지나야 하므로 등반과 휴식을 반복하며 마웬지봉을 친구삼아 가이드와 함께 뿔레 뿔레 올라간다. 산행을 마치고 내려오는 사람을 만나면 인사말인 '잠보'를 교환하기도 한다.

산의 능선을 돌아서자 멋있는 통나무 방갈로집이 산기슭에서 모습을 보이는데, 정상에 올랐던 사람들이 고도가 높은 키보 산장(4,750m)에서 자지 않고 이곳까지 내려와 숙식을 하는 경우가 많아서 오르는 자와 내려오는 자의 만남의 광장이 되기도 한다.

호롬보 산장에서 고도 적응 훈련을 마치고 킬리만자로 정상 등반을 위한 마지막 산장인 키보 산장으로 향한다. 벌써부터 산소가 부족해 두통 환자들이 고통을

호소하기 시작했다.

호롬보 산장에서 키보 산장까지 거리는 약 10.1㎞, 등반 고도는 980m, 소요시간은 7~8시간 정도이며 고산 사막 지대를 통과하게 된다. 등반을 시작하자마자 벌써 3명의 응급 환자가 하산을 선택하니 여간 걱정되는 것이 아니었다. 고소 적응 환자는 산소가 많이 있는 아래로 빨리 내려가야 하며 그렇지 않으면 종종 목숨을 잃기도 해서 응급대원들의 발걸음에 불이라도 붙은 것 같다.

고산 지대가 지나면 중간쯤에 마지막 샘(last water point)이라는 간판이 눈에 들어온다. 여기서부터는 산 전체가 적갈색의 화산재로 덮여 있고 풀은 한 포기도 보이지 않았다.

 킬리만자로 정상으로 가는 길

초저녁에 잠을 청했지만, 산소가 희박해서 그런지 한숨도 잠을 이루지 못한 채 밤 11시에 기대했던 일출을 보기 위해서 산장을 나섰다.

1차로 정상 초입인 해발 5,681m의 길만스 포인트까지 약 6시간이 소요된다고 한다. 현지인이 앞장 서서 10여 명의 등반대를 이끌고 천천히 걸어 갔다.

나의 목표는 정상이 아니라 정상으로 가는 과정이었고, 4,750m의 키보 산장까지 왔으니 충분히 만족스러웠다. 하지만 언제나 그렇듯 나 자신의 한계에 도전하고 싶었다. 또 개인적으로 '제주도 세계 7대 자연경관 홍보대사'로서 플래카드를 들고 정상에서 홍보활동을 해야 한다는 책임감도 나를 정상으로 발길을 옮기기를 부추겼다.

킬리만자로의 달빛을 받으며 화산재 모래밭을 지그재그로 걸어갔다. 헤드 랜턴에 어리는 앞사람의 발길을 따라 2~3시간을 올라가자 밤 추위에 졸음까지 밀려왔다. '잘못하면 생을 마감해야 할지도 모르는데 꼭 정상으로 올라가야하나' 걱정이 들었고, 벌써 2명의 낙오자가 더 생겼다.

길은 더 험해져서 화산재 모래밭을 지나자 40~50°의 급경사가 나타났다. 3시간 정도를 더 걸어 올라야 길만스 포인트에 도착할 수 있다. 전담 가이드의 걱정스런 눈을 바라보면서도 뒤로 처질 수밖에 없었다. 포기할까? 아니다. 지금까지 그래왔던 것처럼 천천히 내 페이스대로 정상에 올라가 보자. 몇 걸음 걸으면 금방 숨이 차고…… 하지만 나의 전담 가이드는 내 숨소리에 맞춰 천천히 앞장서서 걸음을 옮겼다. 눈물이 나도록 고마웠다.

검은 마웬지 봉이 나의 발밑에 있음을 느낄 때, 뜨거운 태양이 구름 위에서 붉게 물들기 시작했다. 킬리만자로가 막 해를 머리 위에 받아들이기 시작했다. 수많은 바위에 올라선 사람들의 웅성거림이 가까이 들리기 시작했다. 킬리만자로의 초입인 길만스 포인트에 도착한 것이었다. 그때가 새벽 6시 무렵이었다.

길만스 포인트에서 우후르피크 최정상까지 가는 길

길만스 포인트와 우후르피크의 표고차는 약 200m, 2시간 정도 소요된다고 했다. 길만스 포인트에서 바라보니 화산구 반대 방향에 위치해 있다. 하지만 이곳은 산소가 몹시 희박해 걷는다는 자체가 매우 고통스러웠다. 길만스 포인트까지 6시간의 야간산행으로 이미 탈진되어 있었다. 일행 모두가 조금만 걸어도 숨이 차 헉헉거리고, 산소 희박으로 여기저기 두통을 호소하며 토하기 시작했다.

분화구 주위를 돌아 정상 쪽으로 계속 걸으니 거대한 빙하가 나타난다. 적도 부근에 눈이 있다는 사실, 그리고 녹고 있는 킬리만자로의 눈물, 과연 저 빙하만이 눈물을 흘리고 있을까!

높이 10∼20m, 길이 약 1km 늘어진 빙하를 따라 우후르피크를 향하는데, 한 쪽은 녹아내리는 빙하지대, 반대 지역은 움푹 파인 화산구, 능선을 따라 계속 오르자 더는 오를 곳이 없었다. 우후르피크라는 팻말이 눈에 가깝게 들어왔다. 우리는 제주도가 세계 7대 자연경관에 선정되기를 기원하며 기념촬영을 하면서 서로 부둥켜안고 커다랗게 웃었다.

그러나 눈 덮인 킬리만자로, 햇볕이 내리쬐는 남부 능선은 이미 거의 녹아내렸고 일부만 남아 있었다. 약 20년 후면 전부 녹아 없어질 것이라고 했다. 하지만 정상의 화산구 방향은 세찬 강풍으로 빙하 기둥이 생겨 우리에게 색다른 작품을 선보이고 있었다.

지구 온난화로 빙하가 녹아 바닷물이 넘치고 섬이 물에 잠기고 빙하가 녹아내리는 이 어두운 현상을 과연 치유할 수 있는 방법은 없는 것일까! 20년 후 킬리만자로의 빙하가 사라지는 날, 빛나는 언덕의 킬리만자로는 과연 어떤 모습이 되어 있을지 가슴이 답답해졌다.

킬리만자로 정상의 화산구

킬리만자로의 정상은, 마치 백두산의 천지처럼 가운데가 움푹 파여 있고, 그 둘레를 봉우리들이 감싸고 있는 형상이다. 그러나 움푹 파인 구덩이 속에 물은 전혀 없었고, 화산재와 모래 바위들만 황량하게 널려 있었다.

킬리만자로는 휴화산이어서 정상에 오를 때도 화산재 때문에 많은 어려움을 겪어야 했다. 특히 화산구 바닥에 서로 맞대고 있는 커다란 바위들이 인상 깊게 느껴졌다. 화산구 내부의 황량함과 달리 능선의 바깥 지역에는 빙하지대가 있어서 서로 색다른 모습이었다. 능선에는 사람들이 오갈 수 있는 좁은 길이 있었고, 바위와 바위 사이를 지나면서 분화구와 빙하지대를 번갈아 감상할 수 있는 아주 특이한 자연경관을 보여주고 있었다.

정상에서 하산해서 내려오는 길은 무엇보다 달콤하고 풍부한 산소를 만끽하는 시간이었다. 산소가 풍부한 밑에 지역으로 내려올수록 언제 머리가 아팠냐는 듯 개운해지고, 생기가 돌았다. 게다가 내려올 때는 화산재로 이루어진 모래사막이 넓고도 긴 도로를 내고 있어서 모래스키를 타며 하산할 수 있었다. 비록 모래먼지가 휘날리지만, 한달음에 미끄러져 내려가는 기분은 마치 개선장군과 같았다. 마음껏 산소를 들이마시자 탈진됐던 몸은 제 스스로 회복되기 시작했다. 체력고갈과 산소결핍을 해결해주는 만병통치약은 역시 '하산' 뿐이었다. 우리 일행은 3,700m 호롬보 산장까지 내려와 난생처음 맛보는 것처럼 꿀보다 달콤한 깊은 잠에 빠져들었다.

 킬리만자로의 최대 전망 포인트, 케냐의 암보셀리 사파리공원

케냐의 암보셀리 사파리공원•은 헤밍웨이가 《킬리만자로의 눈》이라는 글을 썼던 곳이다. 이곳 366km²의 대지에 홀로 서 있는 킬리만자로는 구름 속에 묻혀 흰머리만 내밀고 있다.

킬리만자로 북쪽 능선은 남쪽에 비해 아직 하얀 자태를 뽐내고 있었다. 다시 한번 눈 덮인 정상을 바라보니 새삼 감회가 새롭다. 내가 저 높은 산의 정상에 올랐다는 사실이 흐뭇하고 밑에서 바라보는 그 거대한 위용에 다시 한번 놀라웠다.

그 옆을 지키는 마웬지 봉은 유럽의 고대 성을 연상시켰다. 나는 마치 오직 킬리만자로만 성을 바라보는 길 잃은 아프리카 짐승처럼 내 인생에서 가장 아름다운 산 킬리만자로에서 도무지 눈을 떼지 못했다.

Israel, Jordan

사해(死海, Dead Sea)

사해에는 단 한 마리의 물고기도 살 수 없다.
사해를 죽음의 바다라고 이야기하는 이유가 그것이다.
그러나 수천, 수만 년을 이어온 사해에는 물고기 대신 사람들의 이야기가 넘실거리고 있다.
자신의 몸을 치료하고 마음에 새로운 이야기를 담고 싶어하는 사람들의 발길이 이어지고 있기 때문이다.

사해라는 이름의 바다에 관해 들어본 적이 있을 것이다. 이곳은 일반 바닷물보다 10배나 높은 염도를 지닌 곳으로 '바닷물에 들어가면 몸이 둥둥 뜨는 곳'으로 유명하다. 그러나 이처럼 죽음의 바다로 많은 관광객들의 관심을 끌고 있는 사해 또한 최근 말 못할 고민에 시달리고 있다. 바로 과다한 바닷물의 증발로 인해 해마다 수위가 내려가고 있기 때문이다. 사해가 위치한 지역의 기온이 봄과 가을에는 30℃, 여름철에는 40℃까지 올라가기 때문에 바닷물의 염도가 갈수록 높아지고 있는 것이다. 나는 사해를 바라보며 어쩌면 그리 멀지 않은 훗날, 이스라엘에서 요르단까지 사해 바닷물을 그리워하며 걸어서 다니게 될지도 모른다는 생각을 했다.

실제로 사해의 서쪽은 이스라엘, 동쪽은 요르단과 맞닿아 있으며, 두 나라는 현재 사해를 사이에 두고 그나마 긴장을 덜어내고 있다. 사해는 이스라엘과 요르단의 두 나라 간의 상처가 덧나지 않도록 소독하는 약인 동시에, 없어서는 안 될 완충지대 역할까지 해주고 있는 것이다.

사해의 쿰란 지역은 구약성서인 사해사본이 발견된 지역으로도 유명하며, 구

약성서에도 사해는 '소금의 바다'로 등장한다. 사해의 발원지인 요르단 강과 갈릴리 호수는 종교사적으로 매우 중요한 지역으로 기독교가 발생하고 발전한 곳으로 더 특별히 여겨지는 곳이다.

사해란

사해는 지구에서 가장 낮은 지역에 위치하고 있는 바다이다. 평균 해수면보다 약 400m 정도나 낮은 곳에 있으며, 남북으로 약 80km, 최대 폭은 17km, 둘레는 약 200km 정도이다. 일반 바닷물의 염도인 3%보다 염도가 열 배 이상인 35%에 달해 수영하지 못하는 사람도 물에 둥둥 뜰 수 있다.

깊은 곳은 수심이 약 400여 미터에 달하며 물고기가 살 수 없기 때문에 사해라는 이름이 붙여졌다. 물은 요르단 강에서 흘러들지만 특이하게도 사해바다에는 유출구가 없다. 이 지방의 건조한 기후 때문에 강렬한 태양이 바닷물을 계속 증발시켜 물속의 염분 농도가 계속 높아지는 것이다. 하지만 이 덕분에 사해바다는 다른 곳에서 찾을 수 없는 인체에 유익한 광물질이 다량 함유되어 건강치료를 원하는 사람들을 위한 리조트, 온천장 등이 건설됐으며 많은 사람들의 발길이 이어지고 있다.

이 지역은 겨울에도 낮에는 따뜻하기 때문에 수영을 즐기기 위해 물에 들어가는 사람이 있다. 한여름에는 뜨거운 태양열 때문에 얕은 곳의 수온이 몹시 높다. 이렇게 얕은 곳은 이미 늪지화 돼 있어서 발이 빠지면 화상을 입을 수 있기 때문에 주의해야 한다.

사해 남쪽에 있는 에인보케크 쪽에는 소금이 둥둥 떠다니는 광경을 볼 수가 있다. 바다 한쪽은 새하얀 소금 덩어리로 덮여 있으며 기둥상태로 뭉쳐 있는 소금 덩어리도 있다.

이스라엘에서 본 사해 가는 길

이제 한 가지 중요한 사실을 밝혀야겠다. 사해는 바다라는 이름을 달고 있지만 요르단 강을 수원지로 삼고 있는 민물 호수이다. 물론 이곳 사해를 바다로 착각하는 원인은 충분하다. 사해가 위치하고 있는 팔레스타인 지역은 워낙 건조하고 물이 적은 곳이라서 손바닥만한 하천도 강이라 부르고, 조금 넓은 호수는 바다라고 부른다.

성경에서도 갈릴리 호수를 갈릴리 바다라고 부르는 것을 보면 쉽게 이해할 수 있을 것이다. 사해 바닷물이 계속 줄어들자 이스라엘 정부가 홍해에서 물을 퍼 올려 채우겠다는 대책을 발표하자 주민들의 반발이 거셌다고 한다. 물을 섞으면 마치 온천물에 맹물을 섞는 것과 마찬가지로 효과가 떨어지지 않을까 우려했기 때문이란다.

예루살렘에서 사해까지는 대부분 투어를 이용한다. 사해 사본이 발견된 쿰란 지역과 유대인 최후의 항쟁지 마사다, 에인게디국립공원, 사해 등을 엮어서 투어를 실시하고 있다. 사해에는 사해비치가 운영되고 있으며 유료로 각종 편의시설이 제공되고 있다.

많은 사람들이 수영복 차림으로 사해에 들어가 TV에서 본 것처럼 자신의 몸을 둥둥 뜨게 만들려고 한다. 처음에는 중심 잡기가 어려우나 조금 깊은 곳에서 시도하면 요령이 생기고 물에 뜨게 된다. 처음부터 남이 하는 것처럼 신문이나 책을 들고 물에 들어가면 기우뚱거려서 곧바로 신문이나 책이 젖게 된다. 그리고 몸에 상처가 있으면 염도가 높은 바닷물 때문에 몹시 따갑기 때문에 주의를 요한다.

🚩 요르단에서의 사해

요르단 사람들은 사해라고 하면 잘 알아듣지 못한다. 이들에게는 암만비치라고 말해야 제대로 통한다.

사해는 1967년 6월 중동전쟁 이전에는 완전한 요르단의 영토였으나 지금은 이스라엘과 국경 역할을 해주고 있다. 요르단의 사해는 요르단의 수도 암만에서 남동쪽으로 약 55km 지점에 있는 요르단 계곡 깊은 곳에 위치한 바다이다. 해변에는 식당과 탈의실, 라커, 타월 렌탈, 샤워실, 레스토랑 등의 시설이 잘 갖추어져 있으며 입장료를 내야 한다.

요르단 쪽과 이스라엘 쪽 사람들은 해수욕 모습만 봐도 구별할 수 있을 정도이다. 이스라엘 쪽 사람들은 거의가 수영복을 착용한 채 바다에 들어가 물 위에 둥둥 뜬 채 신나게 물놀이를 즐기곤 한다. 그러나 요르단 쪽 사람들은 이슬람을 믿는 사람이 대부분이기 때문에 사해에서도 검은 차도르를 입은 채 사해 바닷가를 거닐거나 바닷물 속에서도 조용히 즐기곤 한다.

사해에서 4km 떨어진 마인은 온천으로 유명한 곳인데 폭포탕, 동굴온천, 사우나 등이 있다. 또한 사해에서 요르단 강을 따라 올라가면 예수의 세례터가 있다. 예수가 세례자 요한에게 세례를 받았던 곳이며 요한이 설교한 베티니라는 마을이 바로 이곳이다.

사해 바다에 들어가 누워 있다가 떠내려가 버려

누구든지 사해 바다에 들어가 가만히 누워 있으면 물 위에 둥둥 뜰 수 있다. 얕은 물에서는 중심 잡기가 힘들었지만 조금 깊은 물에서는 큰 대자로 누워 있어도 둥둥 떠다닌다. 그래서 많은 사람들이 신문도 보고 책도 보지만 오랜 시간 그 자세를 유지하기란 힘들었다. 물이 끈적끈적한 데다, 혹시 눈에 들어가기라도 하면 눈을 뜨지 못할 정도로 따갑기 때문이다. 한참을 서서 눈물을 흘리고 나서야 겨우 진정이 됐다. 물가보다는 조금 더 안으로 들어가야 물도 깨끗하고 둥둥 뜨기에도 좋다.

큰 대자로 둥둥 떠 있는 것에 익숙해져 하늘을 보며 물결치는 대로 누워 있으니 세상 부러울 게 없었다. 이대로 바다를 베개 삼아 잠이 들고 싶었다. 이런저

런 생각에 잠기다 그만 물결에 휩쓸려 물가에서 제법 먼 곳으로 떠내려가고 말
았다. 정신을 차려 서 보니 발이 바닥에 닿지 않아 당황스러웠다. 물가로 가보
려고 발버둥을 쳐보았으나 계속 그 자리에서 맴돌기만 하는 것 같았다. 그 순간
'가라앉지는 않겠지'라는 생각으로 계속 양팔을 버둥거리니 몸이 조금씩 움직이
기 시작했다. 한참을 움직인 후에야 다시 발을 대보니 겨우 바닥에 닿는 게 느껴
졌다.

　진흙팩이고, 물놀이고 간에 마음이 멀어져 정신없이 물 밖으로 나오는데 현지
가이드가 한마디 한다. '사해에서는 아직 익사한 사람이 없답니다.' 그러나 바람
부는 날에는 엉뚱한 방향으로 흘러가 건너편 요르단에서 붙잡히는 사람도 있다
고 한다.

죽음의 바다를 고귀한 바다로 만들어

옛날부터 사해는 아무 쓸모없이 버림받은 곳이다. 그러나 지금은 '버림받은 바다'에서 '고귀한 바다'로 변모하고 있다.

사해 수질은 진흙 목욕과 함께 병 치료에 이용되며, 특히 피부병 치료에 효과적이라고 했다. 또한 건조한 기후와 산소 함유량이 많기 때문에 호흡기 계통의 병 치료에 적절해 건강을 위해서 일부러 이곳을 찾아오는 사람도 많이 늘어나고 있다.

이곳은 수백만 년 동안 축적된 자연 미네랄 덩어리인 사해 소금과 사해 진흙이 있으며 고대로부터 솔로몬 왕, 클레오파트라, 시바 여왕 등이 병을 치료하고 미용효과를 높이기 위해 즐겨 찾았던 곳이라 했다. 사해 진흙을 몸에 잔뜩 발라봤다. 이곳 진흙이 세계적인 명성이 자자한 이유는 로션과 같은 부드러움 때문이다. 거기다가 미네랄 함유량도 엄청나게 높다. 그래서 이곳에서는 여자들 뿐만 아니라 남자들도 진흙팩을 즐긴다. 또한 사해 물속에 녹아 있는 풍부한 미네랄은 화장품으로도 인기가 높다.

사해가 몸에 좋은 광물을 많이 함유하고 있는 것은 사해 물의 보급원인 갈릴리 호수의 바닥에 있는 지하 온천 때문인 것으로 알려져 있으며, 이것이 요르단 강에 의해서 사해로 운반되기 때문이라고 한다. 지금 이곳은 죽음의 바다를 리조트, 온천 등 놀이터로 만들어 부가가치를 높이고 있다.

사해와 종교적인 쿰란의 사해 사본

사해를 따라 북서쪽으로 올라가면 쿰란이란 폐허지가 나온다. 유대교회 한 종파인 에세네 일파가 부패한 시대에 염증을 느끼고 도시를 떠나 이곳 사해 해변의 쿰란에 모여 살았다. AD 68년 로마군의 공격을 받은 에세네 사람들은 성경 두루마리를 항아리 속에 넣어 동굴 깊숙이 숨겨 놓았다. 그리고 이들은 로마군에게 저항하다 그만 몰살당하고 만다.

그 후 1947년 사해 부근의 쿰란에서 양치기 소년이 자신의 양 한 마리를 잃어버렸다. 소년이 산기슭의 동굴 하나를 발견하고 조그만 돌덩이를 던져서 양이 숨어 있나를 확인했는데 '쨍그랑' 하고 돌이 항아리에 맞는 소리가 들렸다. 소년이 확인해 보니 항아리 속에는 양가죽으로 만들어진 문서들이 있었다. 약 2000년 전의 구약성경과 생활상이 기록된 사해 문서가 발견된 역사적인 순간이었다.

사해에서 발견된 문서라 해서 '사해 문서'라고 부르고 있으며 사해 문서가 보관된 이스라엘 박물관의 지붕 모습은 사해 사본이 보관되어 있었던 진흙 항아리의 뚜껑을 본떠서 만들었다고 한다.

사해의 젖줄, 요르단 강과 갈릴리 호수

갈릴리 호수는 해면 아래 약 200m에 있는 담수 호수로서 길이가 20km, 너비 12km인데, 예로부터 어자원이 풍부해 어업이 성행했다. 갈릴리 호수는 배를 타고 한가운데로 가 보면 수평선이 보일 정도로 넓디넓은 바다와 같다.

갈릴리 호수를 중심으로 북쪽은 레바논과 국경을 접하고 있으며 남쪽의 나사렛 지방까지 수자원이 풍부해 푸른 들판이 이어지는 곳이다. 이곳에서는 검은 돌로 지은 건물들이 많은데 이 검은 돌은 갈릴리 호수나 골란 고원에 흔한 현무암이다. 그러나 이곳이 더 관심을 끄는 것은 예수의 고향으로 예수의 기적이 펼쳐진 곳이기 때문이다.

갈릴리 호수와 사해로 연결하는 젖줄은 요르단 강이다. 과거 이스라엘을 세웠던 여호수와가 느보산에서 요르단 강을 건넜을 때는 강폭이 약 1km 정도 되었을 것이라 하지만, 지금은 수량이 많이 줄어 수십 미터의 강폭을 유지한 채 이스라엘과 요르단의 경계선을 만들어주고 있다.

갈릴리 호수와 요르단 강은 담수물로서 염분이 없어서 생물이 살고 있으나 사해에 들어서면 상황이 바뀌게 된다. 요르단에는 기독교 성지로 여겨지는 마다바의 성조지 교회 바닥에는 모자이크로 그려진 팔레스타인 지역의 6세기 무렵 지도가 그려져 있다.

갈릴리 호수에서 흐르는 물이 요르단 강을 거쳐 사해로 흘러 들어가는데, 강을 따라 흘러 내려가던 물고기들이 사해의 짜디짠 물을 만나자 거꾸로 도망치는 모습이 재미있게 묘사되어 있다. 사해는 오래전부터 그렇게 물고기 같은 생물이 살기 어려운 곳이었지만 그보다 더 많은 이야기와 관심을 가득 품고 있던 또 다른 생명의 바다였다.

Lebanon

제이타(Jeita) 동굴

레바논은 소문 그대로 아름다운 나라이다.
아름다운 지중해의 기후와 수많은 문명이 교차하며 인류가 이룰 수 있는
가장 아름다운 문화를 만든 곳이기 때문이다.
비록 수많은 종교 내전으로 상처를 입었지만 아름다운 속살처럼 문명의
흔적을 속속들이 맛볼 수 있는 곳이다.

　　레바논은 아시아, 아프리카, 유럽 등 큰 대륙이 만나는 곳이다. 그래서 레바논은 이슬람과 십자군의 각축장으로 변해버린 슬픈 역사를 지니고 있다. 로마시대에는 가톨릭이, 비잔틴시대에는 그리스도교가, 7세기 이후에는 이슬람교가 이 지역에 널리 퍼졌다. 이때부터 레바논은 '종교 시장'으로 변모하였다. 지금은 레바논 종교의 70%가 이슬람교이며, 기독교 30%로 구분된다. 하지만 이것은 아주 큰 틀로 나눈 것일 뿐 다시 매우 배타적인 17개의 종파로 나누어진다. 레바논은 당연히 이중, 삼중의 극심한 종교분쟁을 겪을 수밖에 없다.

　　아름다운 지중해 연안을 끼고 있는 나라지만 레바논은 이 같은 종교 분쟁으로 인해 최근까지도 극심한 종교적 충돌과 내전을 경험해야만 했다. BC 3000년 전에 페니키아인이 지중해안 지대를 중심으로 타루스(현재 티레), 시돈(사이다) 이라는 도시국가를 건설하면서 레바논의 역사가 시작되었다.

　　이 같은 충돌은 종교적인 분쟁 외에도 무역항인 레바논의 수도 베이루트가 천혜의 지리적 조건을 갖추고 있기 때문이었다. 주변 강대국의 개입과 종교분쟁, 지리적 여건 등이 바람 잘날 없는 역사의 소용돌이에 빠지게 만들고 있는 것이

다. 그러나 다른 한편으로는 동서양이 가진 다양한 문화와 충돌하면서 새로운 레바논의 문화유산을 만들어 나가는 밑거름이 되고 있다. 그래서 레바논의 속살을 한 꺼풀만 벗기면, 페니키아, 이집트, 그리스, 로마 등 무수한 고대문명의 아름다움과 접할 수 있다.

제이타 동굴이란

제이타 동굴은 베이루트에서 북쪽 20km 떨어진 나르 엘 칼브라는 계곡에 위치하고 있다. 이 동굴은 아래 동굴과 위 동굴 2개의 석회석 동굴로 이루어져 있다. 특히 아래 동굴에는 지하로 흐르는 강이 있어서 보트를 타고 관찰할 수 있는 여행을 즐길 수 있다.

또한 제이타 동굴은 크리스탈로 된 동굴로 이루어져 있으며, 아래 동굴은 6,230m의 지하 강이 흐른다. 지하 강은 마치 장엄한 대성당과 같은 위엄 있는 석순과 종유석을 보여주고 있다. 특히 고드름처럼 동굴 천장에 주렁주렁 매달린 종유석을 바라보면 영겁의 세월 한가운데 서 있는 것 같은 느낌마저 든다.

동굴바닥에서 자라나는 석순, 석주 등에 마음을 빼앗기노라면 한 방울씩 떨어지는 물방울 소리에 깜짝 놀라 마음의 정적이 먼저 깨지곤 했다.

 제이타 동굴 여행의 거점도시 베이루트

기원전 4세기 이집트에서 발견된 설형문자와 성경에 '베니게'로 이름이 알려진 베이루트는 수천 년 동안 지중해를 장악하며 부와 명성을 누렸던 중동의 파리이자, 중동의 보석이다.

도시 뒤로 솟은 레바논 산맥은, 일년 중 300일 이상 태양빛을 흠뻑 받아 보석처럼 빛나고, 겨울이면 담요처럼 포근한 눈으로 덮여 중동에서 흔히 볼 수 없는 독특한 모습을 보여주는 곳이다. 베이루트는 레바논의 수도로서, 11~12세기에는 터키와 십자군 전쟁의 무대가 되었던 지역이다. 16세기에는 오스만투르크에 합병된 후, 19세기까지 이슬람 세력이 이곳을 지배했다. 그 후 프랑스의 식민지가 되면서 동서양의 다양한 종교와 문화가 충돌하였다.

지금 베이루트 시내에는 아랍권 글씨 대신 영어 알파벳이 거리를 장식하고 있다. 또한 이맘의 선창으로 이어지는 코란 소리 대신 마돈나의 팝과 선정적인 춤이 거리에 울려 퍼졌다. 그리고 이슬람의 주요한 문화 아이콘 중 하나로 꼽히는 히잡이나 부루카를 쓴 이슬람의 여인 대신 서구화된 짧은 옷에 선글라스를 낀 여자들이 도시를 메운다. 비키니를 입고 수영을 즐기는 아랍 여자들의 모습을 보며 우리가 생각하던 중동의 모습과는 전혀 다른 서구화된 모습을 발견하며 조금은 허탈한 감정까지 느꼈다.

제이타 동굴 가는 길

제이타 동굴은 베이루트에서 북쪽으로 약 20㎞ 정도 떨어진 곳에 있다. 차를 타고 고속도로를 지나면 산등성이가 나오고 아찔한 계곡을 돌고 돌아 계곡 속으로 추락하듯이 달렸다. 이 계곡이 나르 엘 칼브 계곡이다. 저 계곡 속에 꽁꽁 숨어 있다는 중동 최대의 석회 동굴이 갈수록 더 궁금해지기만 했다.

그 동굴은 차량의 접근을 허락하지 않았고, 오직 케이블카를 타고 동굴 입구까지 이동해야 했다. 케이블카가 움직이기 시작하면 발밑으로 펼쳐지는 계곡들을 지나야 했다. 이곳에서는 2대의 케이블카가 계곡을 오르내리며 방문객들의 여행을 돕고 있었다.

4~5분 정도 소요되는 케이블카가 계곡 위를 막 지나자 제이타 동굴 입구가 나타났다. 별로 커 보이지 않는 입구는 콘크리트로 정리해 놓아서 자연과는 별다르게 조화를 이루지 못했다. 하지만 동굴에서는 사진 촬영을 금지한다는 푯말이 붙어 있었는데, 카메라의 후래쉬 불빛 때문에 동굴손상이 우려되기 때문일 것이다. 그만큼 동굴의 보존과 관리에 대해서는 깊은 관심과 노력을 기울이고 있었다. 동굴 앞에는 선물가게, 커피점 등이 있으며, 유달리 커다란 동상과 조각공원은 물론 동물원까지 함께 마련돼 있어서 동굴구경을 한 뒤 즐겁게 눈요기까지 할 수 있었다.

동굴탐사를 마친 뒤 조금만 아래로 내려오면 생각지 않았던 꼬마기차가 우리 앞에 모습을 드러냈다. 그러나 동화 속의 마을처럼 그런대로 운치가 있어서 기분 좋게 즐길 수 있었다.

제이타의 상부 동굴

제이타 동굴에는 위에서 보는 동굴과, 아래 지하 강에서 보는 동굴, 두 군데가 있다. 위에 있는 동굴은 길이가 750m에서 2,200m로 1958년 레바논의 동굴학자에 의해 발견되었다. 1969년부터 일반인에게 개방되었으나 입구에는 120여 미터에 이르는 사각형의 콘크리트 터널을 지나면 신비로운 석회암 협곡이다.

위의 동굴은 특히 석순모양이 신비롭다. 그리 크지 않은 동굴이지만, 형형색색의 종유석과 석순이 호화롭다. 특히 동굴 천장에서 바닥까지 닿아 있는 석순과 사람모양, 짐승모양의 종유석은 이색스럽기도 했다. 잘 안내된 길을 따라 한 시간 이내면 동굴 내부를 관찰할 수 있었다.

제이타 동굴은 입구에서 *끄트머리*까지는 계속 올라가는 길이다. *끄트머리*에서 보면 동굴의 전체 모습을 조망할 수가 있다. 동굴 끝부분에 도착하면 더는 전진하지 못하도록 막혀 있고, 곳곳에는 안내인이 있어서 동굴의 석순, 종유석을 만지지 못하게 했다. 손을 대는 모습이 보이면 노 터치를 연발했다.

제이타의 하부 동굴에서 보트를 타다

위쪽에 있는 동굴에서 나와 밑으로 몇 백 미터 아래로 내려가면 아래쪽 동굴이 나타난다. 아래쪽 동굴은 길이가 450m에서 6,200m의 동굴로 1836년 미국인 윌리암 톰슨에 의해서 우연히 발견된 뒤 1958년부터 일반인에게 개방되었다. 아래쪽 동굴에는 약 600m에 이르는 동굴 내부를 배를 타고 탐방할 수 있도록 준비해 놓았다.

약 10명씩 탈 수 있는 조그마한 보트에 질서정연하게 자리를 잡고 앉자 보트가 동굴 속으로 미끄러져 들어갔다. 보트가 출발하자 동굴 안내인이 손을 들며 '시 유 투모로우(see you tomorrow)'라고 소리쳐서 모두 함께 크게 웃었다. 동굴 속으로 막 들어갈 때는 둥근 형태의 그리 크지 않은 동굴이어서 계속 머리를 숙여야 하지 않나 걱정을 많이 했으나 막상 동굴 안에 다다르니 머리가 닿을 염려가 없을 정도로 동굴 위가 높고 시원했다. 손전등으로 비추는 아름다운 동굴의 모습은 지상에서 걸어가며 보는 것과는 또 다른 동굴탐험의 아름다움과 맛을 보여주고 있었다. 좁은 물길을 지나갈 때는 머리를 조심하라고 동굴 안내인이 말했다.

동굴 안에는 조그마한 모래톱이 있었고, 몇 척의 보트가 정박하고 있었다. 5분 정도 더 전진하니 갑자기 좁은 뱃길이 나타났다. 2~3척의 보트가 서로 길을 비켜주며 왕복하고 있었고 더는 배가 전진하기가 어려웠다. 그곳에서 회항하니 약

10여 분 정도의 동굴탐험 시간이 끝나고 말았다. 비록 아주 짧디 짧은 동굴탐험 시간이었지만 천정에서 '똑똑' 떨어지는 물소리와 함께 아름다운 석순, 종유석을 보트 위에서 감상할 수 있었던 잊지 못할 좋은 경험이었다.

 성경의 어원과 세계적인 발벽 신전이 있는 곳

레바논 베이루트시에서 북쪽으로 약 30km 떨어진 곳에 비블로스라는 유적지가 있다. 그리스에서 파피루스 종이가 '비블로스'를 통해 에게 해로 수출되었기 때문에 파피루스를 그리스 이름인 '비블로스'라는 이름으로 부르기도 했다. 성서를 뜻하는 영어 바이블은 파피루스로 만든 책을 뜻하는 '비블로스'에서 유래되었다.

　로마시대의 유적으로 세계에서 가장 규모가 큰 것이 발벡 신전이다. 돌기둥의 높이만 약 20여m, 지름 2.4m로 웅장하기 짝이 없다. 바닥에 깔린 주춧돌 높이만도 사람 키를 훌쩍 넘을 정도이다. 또한 규모뿐만 아니라 대리석 조각 자체도 너무나 아름답다. 특히 이곳 발벡 지역은 레바논 북동부 지역에 위치한 곳으로 토지가 광대하고 비옥한 곳으로도 유명하다. 당시 로마제국이 레바논과 시리아를 통치하기 위한 중심지로 삼기 위해 이 신전을 건설한 것으로 추측되고 있다.

　발벡 신전 인근에는 현존하는 가공된 돌로는 세계에서 가장 큰 것으로 인정받고 있는 라제스톤이 있다. 체적이 400㎥, 무게 약 2,000톤으로 짐작되는데, 주춧돌을 사용해 이곳에 세워졌으리라는 짐작이 유력하다. 이 돌을 움직이려면 몇만 명의 인력이 필요하다고 한다. 갖은 내전과 종교적 분쟁에 시달리고 있지만 그 옛날 레바논에 얼마나 많은 사람들이 살고 있었는지, 이곳이 얼마나 살기 좋은 곳이었는지 라제스톤 하나만 봐도 쉽게 짐작할 수 있다. 이 웅대한 돌 하나를 직접 보는 것만으로도 레바논을 여행하는 의미가 충분했다.

United Arab Emirates

부티나군도(Bu Tinah Shoals)

사막 한가운데의 황량한 섬은 푸른 옷으로 갈아입은 채 생명이 꿈틀거리는 섬으로 변모해 있었다. 섬 주위의 모래톱(sand bar)을 배경으로 질서 정연하게 자라나고 있는 푸른 나무와 그곳에서 공존하고 있는 동물들. 사막의 섬은 사람과 자연의 조화가 무엇인지를 보여주고 있었다.

어찌보면 하늘은 참 공평하다. 사람들이 살기 힘든 쓸모없는 땅 사막의 나라, 뜨거운 열사의 나라에 하늘의 선물인 검은 황금 '오일'을 선물했기 때문이다. 특히 30여 년 전 한 어촌마을에 불과해 물고기잡이와 조개잡이로 연명하던 가난한 어촌 마을 아랍에미레이트가 오일의 발견과 함께 세계에서 가장 부자 나라 중 하나로 성장하리라고 누가 예상을 했겠는가.

그러나 몇 십 년 후면 아랍에미레이트를 부자 나라로 변신시켰던 오일이 바닥날지도 모른다고 한다. 그래서 그 대책의 일환으로 지금 이 나라에서는 많은 노력이 병행되고 있다. 사막을 옥토로 만든다거나, 정유시설을 갖추거나, 세계에서 가장 높은 건물을 세운다거나, 발상의 전환을 통해 사막에 스키장을 만들어 세계를 깜짝 놀라게 하고 있다. 또한 이곳 사막에서만 경험할 수 있는 '사막 사파리'를 만들어 세계인을 유혹하고 있다.

섬과 모래톱으로 이루어진 부티나군도

부티나군도는 아랍에미레이트 걸프만 지역에 위치해 있다. 넓은 산호초 지역의 한가운데 있는 작은 섬들이 바로 부티나군도이다. 아랍에미레이트의 말라위에서 북쪽으로 약 35km, 지라쿠에서 남쪽으로 25km 지점에 있다.

그곳은 사람의 출입이 금지된 구역이면서 또 개인 소유의 보호지역으로 지정된 곳이다. 또한 바다거북과 거북이알 등이 있어서 채집이 금지되어 있다. 순찰대에 의해 엄격한 규제가 시행되고 있는 곳이기도 했다. 부티나군도는 섬과 모래톱으로 이루어진 곳으로, 세계적으로 보호되고 있는 바다거북의 산란지이기 때문이다.

   아부다비는 아랍에미레이트의 7개 지역 가운데 가장 큰 곳이며 또한 아랍에미레이트의 석유 매장량 대부분을 차지하고 있은 곳이다. 아부다비 왕궁은 7개 지역의 리딩 지역답게 아름다운 초호화판으로 건설되었다. 정원은 잘 가꾸어져 있으며 궁전에 들어서자 위압감이 느껴졌다. 아부다비 시내는 초고층 건물이 건설되고 있는 역동적인 도시이다. 사막 위에 세워진 도시답게 계획적으로 건설돼 '사막의 유토피아'를 꿈꾸고 있는 것 같았다.

   이를 반영하듯이 친환경 미래도시를 건설하면서 세계 최초로 탄산가스를 배출하지 않는 도시로 계획되었다. 태양열을 이용해 바닷물을 담수화하고 태양에

너지, 풍력터빈, 기타 대체 에너지원을 이용해 실험실, 가정, 공장을 돌리는데 필요한 전기를 공급하고 있다. 이 연구소와 공장들은 아부다비의 오일이 고갈되기 전에 대체 에너지 기술을 수출하려는 아부다비의 웅대한 꿈을 진행시키는 상징으로 받아들이고 있다.

부티나군도의 섬 서 반이야스

　서 반이야스 섬은 부티나군도 인근의 섬으로 면적은 87km²에 이른다. 황량한 사막이었으나, 아부다비 왕국은 수많은 동물들이 자유롭게 살 수 있도록 수백만 그루의 나무와 식물이 자라도록 만들었다. 즉 사막을 옥토로 만들었으며, 사람들에게 휴식을 줄 수 있도록 변화시킨 것이다. 또한 고급 리조트도 건설해 휴양을 즐길 수 있도록 했다. 사막 사파리 차를 타고 사막에서 무성하게 자라는 나무, 그리고 수많은 야생의 짐승들을 바라보면서 색다른 여행을 체험할 수 있는 코스였다.

　이곳이 아프리카 사파리와 다른 점은 아프리카에는 초지가 있어서 동물들 스스로 살아갈 수 있으나, 이곳 사막지대는 초지가 없어서 사람들이 일일이 먹이를 주어야 한다는 점이다. 아무튼 그 황량한 사막을 새롭게 변화시켜 나무를 심고 수많은 동물들을 키우며 인간과 함께 어울려 살아가는 서 반이야스 섬으로 변화시킨 것이다. 어떤 이유에서든지 그 발상의 전환과 꺾이지 않는 변화의 의지는 찬사받아도 마땅한 것 같았다.

 ## 아름다운 옥토를 후손에게 물려주는 일

사막에는 당연히 나무가 잘 자라지 못한다. 물이 제대로 공급되지 않기 때문이다. 일 년에 겨우 몇 번씩 내리는 비에 의지해서는 제대로 나무가 자랄 수 없다. 그러나 이곳 서 반이야스 섬에는 기적 같은 일이 벌어지고 있다.

과수원처럼 일정하게 나무를 심고, 나무 밑에다 물호스를 연결하여 물 공급을 원활하게 해주고 있는 것이다. 그러나 안타깝게도 워낙 척박한 모래땅인지라 상당수 나무가 살지 못하고 죽어버린다. 그러면 죽은 나무를 뽑아내고 그 자리에 또 다시 새나무를 심는다.

서 반이야스 섬 곳곳에 일정 간격으로 나무가 심어져 있다. 크기는 1미터의 작은 것부터 큰 것은 복숭아나무 크기만한 것까지 있다. 이것은 여러 가지의 효과를 가져 왔다. 우선 심어진 나무로 인해서 생명체가 살 수 있는 근거가 마련되는 것이다. 수많은 동물들이 살 수 있는 터전이 되고 보금자리 역할을 해주기 때문이다.

그리고 사막에서만 체험할 수 있는 동물 사파리가 새로운 추억을 안겨주며 사람들을 불러 모으고 있다. 아프리카 초원에서 경험하는 사파리나 다른 사막의 동물 사파리와는 또 다른 색다른 경험을 안겨주는 것이다. 그리고 사막의 황사현상도 방지하는 이중의 효과를 얻을 수 있다. 무엇보다 곧 다가올 기름고갈을 대비하며 후손에게 옥토를 물려주는 아름다운 일을 만들어 나가고 있다.

🚩 수상비행기로 사막의 섬 '서 반이야스' 인근을 일주하다

　자연경관은 보는 관점에 따라 달라질 수 있다. 계절에 따라 다를 수가 있고, 육지에서 혹은 강이나 바다에서, 하늘에서 바라보면 지금까지 알지 못했던 또 다른 면을 감상할 수 있다. 그래서 자연은 그렇게 시시각각 옷을 갈아입고 우리에게 손짓을 하는지도 모른다.

　이번에는 수상비행기를 타고 섬 주위를 조망하기로 했다. 바다를 활주로 삼아 배가 이륙한다. 정박하고 있던 항구를 벗어나 넓은 바다가 나타나자 제법 속력을 내서 질주했다. 비행기 조종사는 2명, 이 수상비행기는 바퀴가 있는 것이 아니라, 수상스키처럼 2개의 부츠가 있어서 물 위를 미끄러져가는 것이다. 모르긴 해도 수상비행기뿐만 아니라 배로도 활용할 수 있을 것 같았다.

섬 주위의 모래톱이 아름답게 제 모습을 드러냈다. 모래톱은 쌓이고 쌓여 대자연의 그림을 그리고 있다. 이곳의 자연경관은 모래사막과 섬을 둘러싼 모래톱이 일품이었다.

사막 한가운데의 황량한 섬은 푸른 옷으로 갈아입고 생명이 꿈틀거리는 새로운 섬으로 바뀌고 있었다. 질서정연하게 자라고 있는 푸른 나무들, 그 속에서 뛰놀고 있는 수많은 동물들, 그리고 인간과 자연의 조화…… 사막의 섬 '서 반이야스'는 그렇게 변모해 가고 있었다.

아부다비에서의 사막 사파리

사막 사파리는 4륜구동 지프차를 타고 금빛 사막을 질주하는 것이다. 아부다비에서 1시간쯤 달리니 낙타 사육장이 나왔다. 사막 사파리로 가기 전 첫 번째 구경거리이다. 수십 마리의 낙타가 마른 풀을 뜯고 있었다.

그동안 지프차는 사막으로 들어가기 위해 타이어 바람부터 적당히 뺐다. 약간 바람이 빠진 타이어가 사막주행에 알맞다고 한다. 3대의 지프차가 줄을 지어서 사막을 달렸다. 작은 모래산을 오르기도 하고 모래 둔덕을 롤러코스트를 타듯이 달렸다. 모래 둔덕의 급경사를 치고 오르는 순간은 비행기가 이륙하는 순간 같았고, 급경사를 미끄러질 때는 롤러코스트가 곤두박질치듯이 짜릿했다.

선두차량이 리더 차량인 듯, 먼저 곡예를 부리면 뒤따르는 차도 같이 따라서 곡예를 부렸다. 그러다가 우리의 지프차가 모래둔덕 꼭대기에 오르는 순간, 차가 30~40도 기울어진 상태에서 꼼짝달싹 움직이지 못했다. 간신히 한 사람 한 사람 차에서 내린 뒤 수습하는 광경을 지켜보았다. 선두 차량이 다가와 체인을

엮어서 천천히 끌어당긴 뒤 우리 차량은 선두 차량이 이끄는대로 간신히 빠져나올 수 있었다. 구경하던 사람들 모두가 박수를 쳤다. 알고 보니 선두 차량은 특히 베테랑 드라이버인 것 같았고 뒤따르던 우리 차량은 앞차보다 운전이 조금 서툰 사람 같았다.

그 뒤로는 천천히 사막을 달리며 사막의 석양을 바라보았다. 언제나 자주 보았던 석양이건만 모래 지평선의 모래 둔덕을 넘어가는 태양은 또 다른 감흥과 느낌을 안겨주었다.

모래 사막 한가운데 있는 캐러반 캠프에 갔다. 낙타를 타기도 하고, 일부는 모래 둔덕에 올라 모래스키를 타고 내려오기도 했다. 저녁 식사를 한 후 전통 밸리 댄스 구경을 하였다. 그리고 함께 무대로 나와 광란의 춤을 추며 사막의 밤은 그렇게 깊어가고 있었다.

사막에 누워 밤하늘의 별을 보다

캐러반 캠프에서 광란의 춤이 끝난 뒤, 모두 제자리로 돌아와 편하게 휴식을 취하며 물담배를 피웠다. 현지인이 즐기는 물담배는 담배통에 물과 향료를 넣은 뒤 긴 대롱으로 연결된 파이프를 빨면 연기가 나는 방식이다. 담배통 1개를 여러 사람이 사용해야 했기 때문에 사람들에게 각자 마우스피스를 나누어 주었다. 특히 담배 경험이 있는 사람은 흡입력이 좋아서 담배 연기가 많이 나왔다.

물담배가 거의 끝날 즈음, 갑자기 불이 꺼졌다. 정전이 됐나 싶었으나, 밤하늘의 별을 감상하기 위해 일부러 소등하였다고 한다. 세상만사 모두 잊고서 사막 위에서 반짝이는 별을 관찰하는 시간이었다. 전기불이 있을 때에는 잘 보이지 않던 별들이 불을 끄고 바라보니 선명하게 눈에 들어오기 시작했다. 누워서 하

늘을 보며 동심으로 돌아갔다. 유달리 북두칠성 별자리가 선명하게 보였다. 오염되지 않은 사막 위의 별들……

순간 어린 시절 꿈을 키우던 그 시절로 돌아가고 있었다. 깜깜하고 고요한 정적 속에서 마치 지구에 불시착한 어린왕자라도 된 듯 자유인이 되어 훨훨 날아다니고 있었다.

Azerbaijan

진흙 화산(Mud Volcano)

무슨 신호라도 받은 것일까?
산맥처럼 이어진 봉우리들 이곳저곳에서 '구룩, 구룩' 진흙 분출하는 소리가 들린다. 마치 내가 이곳에 있노라라는 외침같은 소리의 진흙 분출에 놀란 이방인을 부끄럽게 하듯 저 멀리 있는 카스피 해가 진흙 화산의 용트림을 지켜보고 있었다.

•진흙 화산

진흙 화산은 땅속에서 지하수나 온천수와 함께 분출된 진흙으로 형성된 원추형 언덕이다. 진흙 화산에서 나온 가스의 86% 가량은 메탄이며 방출 물질은 물과 탄화수소 유동체를 함유하는 미세한 고체의 현탁액이다. 세계 700여 개의 진흙 화산 중 아제르바이잔과 카스피 해 연안에 약 400여 개의 진흙 화산이 집중돼 있다.

카스피 해 연안에 위치한 아제르바이잔은 재미있는 요소가 많은 나라이다. 땅속이 계속 부글부글 들끓는 용트림을 하고 있다. 그 들끓음으로 인해 진흙 화산•이 분출되고, 호숫가의 물이 들끓고 있고, 땅속에서는 천연가스가 분출되어 화이어 마운틴이 생기고, 땅속 10여 미터에서부터 기름이 분출되고 있다니, 자연적으로 참 재미있는 요소가 많은 나라가 바로 아제르바이잔이다.

오죽하면 15세기 경 이곳을 방문한《동방견문록》의 저자 마르코 폴로가 '먹을 수 있는 물이 없다'고 탄식하지 않았겠는가! 땅속의 용트림으로 인해 석유와 가스가 많이 나와 제2의 중동으로 불리기도 하는 아제르바이잔의 바쿠 지역을 찾았다.

진흙 화산 여행의 거점도시 바쿠

아제르바이잔의 수도인 바쿠는 실크로드의 전략적인 요충지였다. 카스피 해 연안을 끼고 있는 항구도시인 이곳은 북쪽으로 가면 중국, 남쪽으로 가면 인도, 서쪽으로 가면 터키가 닿아 과거에 열강으로부터 많은 침략을 당한 도시이기도 하다. 항구도시인 만큼 카스피 해 유람선을 비롯해 바다공원 등 항구의 정취가 듬뿍 묻어났다. 특히 밤에 보는 바쿠 항은 이색적인 풍광과 넉넉한 분위기 덕분에 이방인들을 즐겁게 하기에 충분했다.

바쿠는 바람이 많이 불어 '바람의 도시'라는 뜻을 갖고 있다. 카스피 해 쪽에서 불어오는 바람과 내륙 쪽에서 불어오는 바람으로 두 개의 바람을 맞고 있는 도시이니 바람의 도시라는 이름이 붙을 만도 하다. 그래서일까? 바쿠 주위에는 유독 희한한 자연현상이 많이 일어났다. 진흙 화산을 비롯해 화이어 마운틴, 호숫물이 분홍빛인 핑크빛 호수 등은 모두 바쿠에서 한 시간 가량 떨어진 곳에 있다.

진흙 화산을 보기 위해 바쿠에서 남쪽으로 약 60km 정도 떨어진 큐브스탄 지역으로 향했다. 카스피 해 연안을 끼고 남쪽으로 내려가는 길은 연이어 나오는 절경들 덕분에 전혀 지루하지 않았다. 많은 기암괴석들이 펼쳐져 있는 야외박물관인 큐브스탄을 지나자 드디어 비포장도로의 산길로 접어들었다.

그리고 눈앞에 나타난 진흙 화산. 진흙 화산이라는 말에서 높은 봉우리를 예상했지만 예상과 달리 그리 높지 않은 산정상의 평평한 곳에 수십 개의 진흙 봉우리가 산맥처럼 이어져 있는 곳이었다. 그 진흙 봉우리의 정상에는 둥그스레한 진흙 연못이 형성되어 있었고, 연못의 가운데는 큰 물방울과 함께 진흙이 분출

되는 까닭에 오래된 곳은 메말라서 거북등처럼 갈라져 있었다.

보자마자 진흙 화산에 빨리 다가가고 싶은 마음이 굴뚝같았지만, 방문하기 전날 비가 와서 차는 더는 갈 수 없는 상태였다. 더 전진하지 못하고 아랫마을에 차를 주차한 후 걸어서 올라가기로 하였다.

마침 준비된 장화가 있었지만 너무 커서 몸이 자꾸만 기우뚱하였다. 하지만 장화가 있다는 게 어딘가. 발에 힘을 주고 한 발자국씩 오르기 시작하였다. 진흙 화산이 내가 왔다는 걸 아는 걸까? 한 발자국을 뗄 때마다 '구륵', '구륵'하는 소리를 내는 모습이 마치 내가 온 걸 반기는 것처럼 들렸다.

산등성이에 오르자 주의 팻말이 눈에 들어왔다. 무슨 뜻이냐고 물어보니 진흙 화산이 폭발할 수 있으니 조심하라는 의미라고 하였다. 그 팻말 때문에 겁이 나기도 했지만, 산꼭대기에 진흙 화산이 있다는 생각에 힘을 냈다.

그렇게 닿은 산꼭대기는 오르는 동안의 수고로움을 채워주기에 충분하였다. 넓은 평지가 한눈에 들어오고 수십 개의 진흙 산봉우리가 펼쳐져 있는 진흙 화산의 모습은 경이로웠다. 쌓여 있는 진흙이 어디에서 나오는 것인가 봤더니 진흙은 여러 곳의 봉우리에서 분출되고 있었다. 자그마한 진흙 연못이 있는 봉우리에는 팥죽이 끓듯이 부글부글 꿈틀거리고 있었다. 진흙을 살펴보기 위해 고개를 숙이는데 갑자기 '구륵'소리를 내면서 진흙이 분출되었다. 마치 이방인의 방문을 환영하는 예포 소리처럼 들렸다. 땅속에서 진흙이 분출된다니, 자연의 오묘함에 저절로 고개가 숙여졌다.

그러자 그 소리가 무슨 신호라도 된 것일까? 산맥처럼 이어진 봉우리들 이곳저곳에서 '구륵, 구륵' 진흙 분출하는 소리가 들렸다. 마치 '내가 이곳에 있노라'고 들려주는 소리처럼 여겨졌다. 저 멀리 있는 카스피 해가 진흙 화산의 용트림을 지켜보고 있는 것 같았다.

호숫물이 가스 분출로 부글부글 끓고 있는 모습

 진흙 화산을 둘러보다 진흙 늪에 빠지다

갈수록 분출되는 진흙이 늘면서 진흙 화산 주위는 갈수록 더 질퍽거리기 시작하였다. 내 모습을 살펴보던 안내인이 자신의 뒤를 따라오라고 하였다. 아마도 좋은 길을 안내하려는 것처럼 보였다. 안내해준 길을 따라가니 걷기가 한결 수월하였다.

걷기가 수월해지니 주변의 풍광이 눈에 들어왔다. 그리고 보니 진흙 화산은 주변 경치를 조망하기에 참 좋은 곳이었다. 전망 좋은 카스피 해가 한눈에 들어오고, 옹기종기 모여 있는 연안 마을이 평화롭게 보였다.

주변을 둘러보고 있는데 저쪽에 있는 진흙분화구에서 '구륵 구륵' 소리를 내면서 이방인을 부르는 것만 같았다. 그 소리에 끌리듯 다가가다가 '억!' 소리와 함께 진흙 화산의 늪에 빠졌다. 안내인이 먼저 지난 길을 따라가야 하는데, 나도 모르게 몸이 먼저 움직인 것이다.

순식간에 진흙 웅덩이에 빠져 몸을 옴짝달싹하기 힘들었다. 혹시 이러다 더 깊은 곳에 빠져들어 가는 건 아닌가 순간 겁이 났지만 안내인이 내민 손을 잡고서 가까스로 빠져나올 수 있었다. 진흙으로 뒤범벅이 되었지만 이것 역시 진흙 화산에서만 누릴 수 있는 특별한 경험이기에 마음은 뿌듯하였다. 빙 둘러 모여 앉은 가족적인 분위기의 진흙 화산. 그곳에 초대받은 이방인은 어느 새 그들의 친구가 되어가고 있었다.

진흙 화산의 흙은 보는 것뿐만 아니라 영험한 효능을 갖고 있다. 몸이 좋지 않던 사람이 이곳의 진흙을 바르면 몸에 있던 통증이 사라진다는 것. 그런 까닭에 이곳을 찾은 사람들은 일부러 몸에 진흙을 발라 진흙팩을 하기도 하였다. 한 가지 흠이라면 샤워시설이 없어서 진흙 화산 옆에 있는 연못에서 씻어야 한다는 점이었지만, 그게 대수랴. 하늘에서 내린 비로 인해 생긴 자그마한 연못은 자연 저수지처럼 보이기도 하였다. 씻기 위해 연못으로 몸을 다가가는데, 연못의 중심에는 물이 부글부글 끓으며 물이 샘솟고 있었다. 그것은 땅속에서 솟아 나오는 천연가스로 인하여 물이 끓고 있는 것이라고 하였다.

진흙 화산이 분출되고 물이 들끓고 있는 이 지역의 땅속은 어떻게 생긴 걸까? 어떠한 이유로 진흙 화산에는 진흙이 들끓고 있고, 어떠한 이유로 연못가의 물이 끓고 있는지 궁금해졌다.

어떠한 까닭인지는 알 수 없지만, 이것만은 분명했다. 진흙에 빠져 로보캅처럼 몸이 무거워진 이방인은 시원한 카스피해 바람이 불어오는 이곳에서 자연과 그대로 함께 있고 싶었다는 사실이었다.

진흙 화산이 속해 있는 큐브스탄

진흙 화산이 있는 큐브스탄은 '계곡의 바위'라는 이름처럼 기암괴석이 많다. 그리 높지 않은 기암괴석들이 카스피 해 연안을 내려다보고 있는 이곳은 가히 야외자연박물관이라고 할만하다. 약 1만 2000여 년 전 카스피 해 연안에 살았던 구석기 시대 사람들이 그들의 생활상을 바위에 새겨 놓았기 때문이다. 유네스코에 의해 세계유산으로 지정된 기암괴석들에는 사람들이 배와 물고기, 버팔로, 소, 말, 양 등 사냥한 짐승을 들고 가는 모습이 돌에 새겨져 있었다. 이곳에서 구석기시대인들은 사냥감을 절벽으로 내몰아 떨어뜨려서 사냥을 하였다고 한다. 자신들이 갖고 있는 환경을 기반으로 최선의 선택을 한 구석기시대인들에게 머리가 조아려졌다. 여름에도 덥지 않은 기후와 겨울에도 따뜻한 날씨는 구석기시대인들이 살아가기에 좋은 환경이었으리라는 생각이 들었다.

카스피 해로 내려와 호숫가를 걸었다. 8월의 호수 물결이 잔잔하다 못해 포근해 보였다. 수평선이 보이지 않는 망망대해를 보고 있자니, 이곳이 새삼 세계 최

대의 호수라는 사실이 실감이 났다. 일렁거리는 호수 물결이 바다의 파도처럼 보였다. 호숫물이겠지 방심하는 순간, '나는 바다이노라' 선언하는 것처럼 호수 물결이 내 쪽으로 확 밀고 들어왔다.

카스피 해를 더욱 진하게 느껴보고 싶은 생각에 카스피 해에서 유람선에 올랐다. 시원하게 불어오는 카스피 해의 바람이 활처럼 휘어진 바쿠 항으로 불어오는 게 느껴졌다.

카스피 해 연안의 5개국의 모든 사연을 카스피 해는 넓디넓은 바다와 같은 마음으로 포용하고 있었다. 그뿐인가. 아무런 조건 없이 오일과 가스를 분출하면서 카스피 해 연안의 5개국들에게 대자연의 선물을 아낌 없이 주고 있었다.

자연 그대로 불타고 있는 산, 화이어 마운틴

오랜 세월 누가 간섭하지 않아도 제 몸을 불태우는 산이 있다. 바로 화이어 마운틴이다. 산에서 불이 난다고 해서 그리 걱정하지는 않아도 된다. 바로 지하에서 천연가스가 분출되어 계속해서 꺼지지 않기 때문이다. 예전에는 뒷동산만한 산에서 일 년 내내 가스가 분출되어 불이 꺼지지 않았다지만 지금은 약 10m 정도의 산기슭에서 계속 불이 피어올랐다.

화이어 마운틴에 다가가자 가스의 분출로 뜨거운 열기가 확 느껴졌다. 흙 속 구멍의 이곳저곳에서 천연가스의 분출로 불이 피어 올랐다.

자그마한 화이어 마운틴 정상에 올라봤다. 카스피 해가 아름답게 보이고, 해안 주변으로 멋있는 해안 주택가들이 들어왔다. 아마도 예전에 이곳 화이어 마운틴이 활활 타오를 때에는 화이어 마운틴이 바다와 육지의 봉수대 역할을 했었으리라. 화이어 마운틴에서 지상을 내려다보면서 화이어 마운틴의 불빛이 사람들에게 '마음의 등불'이 되기를 기원해본다.

대자연이 만든 아름다운 핑크빛 호수

화이어 마운틴에서 차로 30분 가량 달렸을까. 호숫물이 핑크색 염료가 떨어진 듯 분홍빛깔로 빛나는 핑크빛 호수에 닿았다. 소금기를 간직한 호숫물은 호수 주변을 핑크색의 소금밭으로 만들고 있었다. 둥근 호숫가의 주변은 핑크색의 소금밭이 자리 잡고 있고 중심에는 핑크색의 호숫물이 자태를 뽐냈다. 여름이면 뜨거운 햇빛으로 인하여 호숫물이 증발되어 많은 핑크빛 소금이 생산되고, 겨울이면 호숫물이 불어난다고 한다. 소금물을 간직한 호숫물이라는 말에 호숫물이 소금기를 머금게 된 연유가 궁금해졌다. 사람들에게 물어보니 바닥에 있는 광물질과 연관이 있다는 대답이 돌아왔다.

한걸음, 한걸음 핑크색 호숫가를 거닐었다. 바삭거리는 핑크색의 소금 덩어리리가 밟힐 때마다 꼭 소금사막을 거니는 느낌이었다. 핑크빛 호수의 건너편으로 실제 소금을 생산하는 염전이 있다. 핑크빛 소금은 건강에 좋다고 하지만, 핑크빛 소금을 보존하는 것이 좋을 것 같다는 생각이 들었다. 만약 그렇게 된다면, 핑크빛 호수와 핑크빛 소금이 사람들에게 매일매일 좋은 핑크빛 소식을 전해주지 않을까!

제주도가 '세계 7대 자연경관'에 선정된 기쁨과 자부심을 느끼며 그동안 겪었던 많은 일들이 파노라마처럼 스쳐 지나갔다. 3년 전 제주도가 '세계 7대 자연경관' 후보에 선정되었다는 기사를 접하면서 시작되었던 28대 후보지로의 여행.

그러나 아름다운 경관을 감상하기가 마냥 편하고 좋았던 것만 아니었다. 호주의 그레이트 배리어 리프를 여행하다가 복수가 터져 타국에서 구급차에 호송되어 홀로 견뎌냈던 죽음과의 사투, 그리고 귀국 중 복막염으로 생명의 위협을 느끼며 가까스로 도착하여 곧바로 이어진 수술, 그 후유증으로 상당히 저하된 체력과 정신력으로 인해 '세계 7대 자연경관' 후보지의 남은 여행을 포기하려고 하였었다. 특히 등산 초보자로서 5,895m의 아프리카 최고봉 킬리만자로를 등정해야 하는 일은 도무지 엄두가 나지 않았다.

그 와중에 필자의 이런 노력이 세상에 조금씩 알려지면서 제주도 세계 7대 자연경관 홍보대사로 위임을 받게 되는 영광을 누리게 되었다. 의무와 책임감이 더해지면서 세계 자연경관 후보지역들의 준비사항도 체크할 겸, 제주도의 세계 7대 자연경관 성공 기원을 위한 일념으로 끝까지 완주하여 마무리를 하게 되었다.

필자는 세계 28곳을 돌아보면서 우리나라 제주도의 진면목을 다시 한번 발견하게 되었다. 제주도는 한라산 화산과 생물이 살고 물이 있는 백록담, 그리고 아기화산인 360여 개의 오름들, 그 오름 속에 품고 있는 수많은 용암 동굴, 숲, 해변, 폭포, 수상화산이자 세계적 절경인 성산일출봉 등 구슬 하나하나를 꿰면 '섬 전체가 거대한 화산 박물관'이다. 이제 '세계 7대 자연경관'으로 선정됨으로써 아름다운 제주도, 위대한 화산 박물관이 더욱 많은 세계인들에게 알려졌으면 하는 바람을 가져본다.

이제는 또 다른 '세계적인 자연경관인 남극과 북극, 그리고 에베레스트와 우주여행'의 도전을 계획하고 있다.

그 도전이 꿈으로 끝날지 몰라도 그 꿈이 있음으로 해서 행복하고, 항상 뜨겁게 가슴이 뛸 것이다. 도전하지 않으면 성공 확률이 제로이지만, 도전함으로써 1% 이상의 성공 확률이 생기는 것임을 이번 여행을 통해서 절실히 깨닫게 되었다.

가림출판사 · 가림M&B · 가림Let's에서 나온 책들

문학 Literature

바늘구멍
켄 폴리트 지음 | 홍영의 옮김 | 신국판 | 342쪽 | 5,300원

레베카의 열쇠
켄 폴리트 지음 | 손연숙 옮김 | 신국판 | 492쪽 | 6,800원

암병선
니시무라 쥬코 지음 | 홍영의 옮김 | 신국판 | 300쪽 | 4,800원

첫키스한 얘기 말해도 될까
김정미 외 7명 지음 | 신국판 | 228쪽 | 4,000원

사미인곡 上 · 中 · 下
김충호 지음 | 신국판 | 각 권 5,000원

이내의 끝자리
박수완 스님 지음 | 국판변형 | 132쪽 | 3,000원

너는 왜 나에게 다가서야 했는지
김충호 지음 | 국판변형 | 124쪽 | 3,000원

세계의 명언
편집부 엮음 | 신국판 | 322쪽 | 5,000원

여자가 알아야 할 101가지 지혜
제인 아서 엮음 | 지창국 옮김 | 4×6판 | 132쪽 | 5,000원

현명한 사람이 읽는 지혜로운 이야기
이정민 엮음 | 신국판 | 236쪽 | 6,500원

성공적인 표정이 당신을 바꾼다
마츠오 도오루 지음 | 홍영의 옮김 | 신국판 | 240쪽 / 7,500원

태양의 법
오오카와 류우호오 지음 | 민병수 옮김 | 신국판 | 246쪽 | 8,500원

영원의 법
오오카와 류우호오 지음 | 민병수 옮김 | 신국판 | 240쪽 | 8,000원

석가의 본심
오오카와 류우호오 지음 | 민병수 옮김 | 신국판 | 246쪽 | 10,000원

옛 사람들의 재치와 웃음
강형중 · 김경익 편저 | 신국판 | 316쪽 | 8,000원

지혜의 쉼터
쇼펜하우어 지음 | 김충호 엮음 | 4×6판 양장본 | 160쪽 | 4,300원

헤세가 너에게
헤르만 헤세 지음 | 홍영의 엮음 | 4×6판 양장본 | 144쪽 | 4,500원

사랑보다 소중한 삶의 의미
크리슈나무르티 지음 | 최윤영 엮음 | 신국판 | 180쪽 | 4,000원

장자-어찌하여 알 속에 털이 있다 하는가
홍영의 엮음 | 4×6판 | 180쪽 | 4,000원

논어-배우고 때로 익히면 즐겁지 아니한가
신도희 엮음 | 4×6판 | 180쪽 | 4,000원

맹자-가까이 있는데 어찌 먼 데서 구하려 하는가
홍영의 엮음 | 4×6판 | 180쪽 | 4,000원

아름다운 세상을 만드는 사랑의 메시지 365
DuMont monte Verlag 엮음

정성호 옮김 | 4×6판 변형 양장본 | 240쪽 | 8,000원

황금의 법
오오카와 류우호오 지음 | 민병수 옮김 | 신국판 | 320쪽 | 12,000원

왜 여자는 바람을 피우는가?
기젤라 룬테 지음 | 김현성 · 진정미 옮김 | 국판 | 200쪽 | 7,000원

세상에서 가장 아름다운 선물
김인자 지음 | 국판변형 | 292쪽 | 9,000원

수능에 꼭 나오는 한국 단편 33
윤종필 엮음 | 신국판 | 704쪽 | 11,000원

수능에 꼭 나오는 한국 현대 단편 소설
윤종필 엮음 및 해설 | 신국판 | 364쪽 | 11,000원

수능에 꼭 나오는 세계단편(영미권)
지창영 옮김 | 윤종필 엮음 및 해설 | 신국판 | 328쪽 | 10,000원

수능에 꼭 나오는 세계단편(유럽권)
지창영 옮김 | 윤종필 엮음 및 해설 | 신국판 | 360쪽 | 11,000원

대왕세종 1 · 2 · 3
박충훈 지음 | 신국판 | 각 권 9,800원

세상에서 가장 소중한 아버지의 선물
최은경 지음 | 신국판 | 144쪽 | 9,500원

건강 Health

아름다운 피부미용법
이순희(한독피부미용학원 원장) 지음 | 신국판 | 296쪽 | 6,000원

버섯건강요법
김병각 외 6명 지음 | 신국판 | 286쪽 | 8,000원

성인병과 암을 정복하는 유기게르마늄
이상현 편저 | 카오 샤오이 감수 | 신국판 | 312쪽 | 9,000원

난치성 피부병
생약효소연구원 지음 | 신국판 | 232쪽 | 7,500원

新 방약합편
정도명 편역 | 신국판 | 416쪽 | 15,000원

자연치료의학
오홍근(신경정신과 의학박사 · 자연의학박사) 지음
신국판 | 472쪽 | 15,000원

약초의 활용과 가정한방
이인성 지음 | 신국판 | 384쪽 | 8,500원

역전의학
이시하라 유미 지음 | 유태종 감수 | 신국판 | 286쪽 | 8,500원

이순희식 순수피부미용법
이순희(한독피부미용학원 원장) 지음 | 신국판 | 304쪽 | 7,000원

21세기 당뇨병 예방과 치료법
이현철(연세대 의대 내과 교수) 지음 | 신국판 | 360쪽 | 9,500원

신재용의 민의학 동의보감
신재용(해성한의원 원장) 지음 | 신국판 | 476쪽 | 10,000원

치매 알면 치매 이긴다
배오성(백상한방병원 원장) 지음 | 신국판 | 312쪽 | 10,000원

21세기 건강혁명 밥상 위의 보약 생식
최경순 지음 | 신국판 | 348쪽 | 9,800원

기치유와 기공수련
윤한홍(기치유 연구회 회장) 지음 | 신국판 | 340쪽 | 12,000원

만병의 근원 스트레스 원인과 퇴치
김지혁(김지혁한의원 원장) 지음 | 신국판 | 324쪽 | 9,500원

김종성 박사의 뇌졸중 119
김종성 지음 | 신국판 | 356쪽 | 12,000원

탈모 예방과 모발 클리닉
장정훈 · 전재홍 지음 | 신국판 | 252쪽 | 8,000원

구태규의 100% 성공 다이어트
구태규 지음 | 4×6배판 변형 | 240쪽 | 9,900원

암 예방과 치료법
이춘기 지음 | 신국판 | 296쪽 | 11,000원

알기 쉬운 위장병 예방과 치료법
민영일 지음 | 신국판 | 328쪽 | 9,900원

이온 체내혁명
노보루 야마노이 지음 | 김병관 옮김 | 신국판 | 272쪽 | 9,500원

어혈과 사혈요법
정지천 지음 | 신국판 | 308쪽 | 12,000원

약손 경락마사지로 건강미인 만들기
고정환 지음 | 4×6배판 변형 | 284쪽 | 15,000원

정유정의 LOVE DIET
정유정 지음 | 4×6배판 변형 | 196쪽 | 10,500원

머리에서 발끝까지 예뻐지는 부분다이어트
신상만 · 김선민 지음 | 4×6배판 변형 | 196쪽 | 11,000원

알기 쉬운 심장병 119
박승정 지음 | 신국판 | 248쪽 | 9,000원

알기 쉬운 고혈압 119
이정균 지음 | 신국판 | 304쪽 | 10,000원

여성을 위한 부인과질환의 예방과 치료
차선희 지음 | 신국판 | 304쪽 | 10,000원

알기 쉬운 아토피 119
이승규 · 임승엽 · 김문호 · 안유일 지음 | 신국판 | 232쪽 | 9,500원

120세에 도전한다
이권행 지음 | 신국판 | 308쪽 | 11,000원

건강과 아름다움을 만드는 요가
정판식 지음 | 4×6배판 변형 | 224쪽 | 14,000원

우리 아이 건강하고 아름다운 롱다리 만들기
김성훈 지음 | 대국전판 | 236쪽 | 10,500원

알기 쉬운 허리디스크 예방과 치료
이종서 지음 | 대국전판 | 336쪽 | 12,000원

소아과 전문의에게 듣는 알기 쉬운 소아과 119
신영규 · 이강우 · 최성항 지음 | 4×6배판 변형 | 280쪽 | 14,000원

피가 맑아야 건강하게 오래 살 수 있다
김영찬 지음 | 신국판 | 256쪽 | 10,000원

웰빙형 피부 미인을 만드는 나만의 셀프 피부건강
양해원 지음 | 대국전판 | 144쪽 | 10,000원

내 몸을 살리는 생활 속의 웰빙 항암 식품
이승남 지음 | 대국전판 | 248쪽 | 9,800원

마음한글, 느낌한글
박완식 지음 | 4×6배판 | 300쪽 | 15,000원

웰빙 동의보감식 발마사지 10분
최미희 지음 | 신재용 감수 | 4×6배판 변형 | 204쪽 | 13,000원

아름다운 몸, 건강한 몸을 위한 목욕 건강 30분
임하성 지음 | 대국전판 | 176쪽 | 9,500원

내가 만드는 한방생주스 60
김영섭 지음 | 국판 | 112쪽 | 7,000원

건강도 키우고 성적도 올리는 자녀 건강
김진돈 지음 | 신국판 | 304쪽 | 12,000원

알기 쉬운 간질환 119
이관식 지음 | 신국판 | 272쪽 | 11,000원

밥으로 병을 고친다
허봉수 지음 | 대국전판 | 352쪽 | 13,500원

알기 쉬운 신장병 119
김형규 지음 | 신국판 | 240쪽 | 10,000원

마음의 감기 치료법 우울증 119
이민수 지음 | 대국전판 | 232쪽 | 9,800원

관절염 119
송영욱 지음 | 대국전판 | 224쪽 | 9,800원

내 딸을 위한 미성년 클리닉
강병문 · 이향아 · 최정원 지음 | 국판 | 148쪽 | 8,000원

암을 다스리는 기적의 치유법
케이 세이헤이 감수 · 카와키 나리카즈 지음 | 민병수 옮김
신국판 | 256쪽 | 9,000원

스트레스 다스리기
대한불안장애학회 스트레스관리연구특별위원회 지음
신국판 | 304쪽 | 12,000원

천연 식초 건강법
건강식품연구회 엮음 | 신재용(해성한의원 원장) 감수
신국판 | 252쪽 | 9,000원

암에 대한 모든 것
서울아산병원 암센터 지음 | 신국판 | 360쪽 | 13,000원

알록달록 컬러 다이어트
이승남 지음 | 국판 | 248쪽 | 10,000원

당신도 부모가 될 수 있다
정병준 지음 | 신국판 | 268쪽 | 9,500원

키 10cm 더 크는 키네스 성장법
김양수 · 이종균 · 최형규 · 표재환 · 김문희 지음
대국전판 | 312쪽 | 12,000원

당뇨병 백과
이현철 · 송영득 · 안철우 지음 | 4×6배판 변형 | 392쪽 | 16,000원

호흡기 클리닉 119
박성학 지음 | 신국판 | 256쪽 | 10,000원

키 쑥쑥 크는 롱다리 만들기
롱다리 성장클리닉 원장단 지음 | 4×6배판 변형 | 256쪽 | 11,000원

내 몸을 살리는 건강식품
백은희 지음 | 신국판 | 384쪽 | 12,000원

내 몸에 맞는 운동과 건강
하철수 지음 | 신국판 | 264쪽 | 11,000원

알기 쉬운 척추 질환 119
김수연 지음 | 신국판 변형 | 240쪽 | 11,000원

베스트 닥터 박승정 교수팀의 심장병 예방과 치료
박승정 외 5인 지음 | 신국판 | 264쪽 | 10,500원

암 전이 재발을 막아주는 한방 신치료 전략
조종관 · 유화승 지음 | 신국판 | 308쪽 | 12,000원

식탁 위의 위대한 혁명 사계절 웰빙 식품
김진돈 지음 | 신국판 | 284쪽 | 12,000원

우리 가족 건강을 위한 신종플루 대처법
우준희 · 김태형 · 정진원 지음 | 신국판 변형 | 172쪽 | 8,500원

스트레스가 내 몸을 살린다
대한불안의학회 스트레스관리특별위원회 지음
신국판 | 296쪽 | 13,000원

수술하지 않고도 나도 예뻐질 수 있다
김경모 지음 | 신국판 | 144쪽 | 9,000원

교육 Education

교육 Education

우리 교육의 창조적 백색혁명
원상기 지음 | 신국판 | 206쪽 | 6,000원

현대생활과 체육
조창남 외 5명 공저 | 신국판 | 340쪽 | 10,000원

퍼펙트 MBA
IAE유학네트 지음 | 신국판 | 400쪽 | 12,000원

유학길라잡이Ⅰ-미국편
IAE유학네트 지음 | 4×6배판 | 372쪽 | 13,900원

유학길라잡이Ⅱ-4개국편
IAE유학네트 지음 | 4×6배판 | 348쪽 | 13,900원

조기유학길라잡이.com
IAE유학네트 지음 | 4×6배판 | 428쪽 | 15,000원

현대인의 건강생활
박상호 외 5명 공저 | 4×6배판 | 268쪽 | 15,000원

천재아이로 키우는 두뇌훈련
나카마츠 요시로 지음 | 민병수 옮김 | 국판 | 288쪽 | 9,500원

두뇌혁명
나카마츠 요시로 지음 | 민병수 옮김
4×6판 양장본 | 288쪽 | 12,000원

테마별 고사성어로 익히는 한자
김경익 지음 | 4×6배판 변형 | 248쪽 | 9,800원

生生 공부비법
이은승 지음 | 대국전판 | 272쪽 | 9,500원

자녀를 성공시키는 습관만들기
배은경 지음 | 대국전판 | 232쪽 | 9,500원

한자능력검정시험 1급
한자능력검정시험연구위원회 편저 | 4×6배판 | 568쪽 | 21,000원

한자능력검정시험 2급
한자능력검정시험연구위원회 편저 | 4×6배판 | 472쪽 | 18,000원

한자능력검정시험 3급(3급Ⅱ)
한자능력검정시험연구위원회 편저 | 4×6배판 | 440쪽 | 17,000원

한자능력검정시험 4급(4급Ⅱ)
한자능력검정시험연구위원회 편저 | 4×6배판 | 352쪽 | 15,000원

한자능력검정시험 5급
한자능력검정시험연구위원회 편저 | 4×6배판 | 264쪽 | 11,000원

한자능력검정시험 6급
한자능력검정시험연구위원회 편저 | 4×6배판 | 168쪽 | 8,500원

한자능력검정시험 7급
한자능력검정시험연구위원회 편저 | 4×6배판 | 152쪽 | 7,000원

한자능력검정시험 8급
한자능력검정시험연구위원회 편저 | 4×6배판 | 112쪽 | 6,000원

볼링의 이론과 실기
이택상 지음 | 신국판 | 192쪽 | 9,000원

고사성어로 끝내는 천자문
조준상 글 · 그림 | 4×6배판 | 216쪽 | 12,000원

논술 종합 비타민
이종원 지음 | 신국판 | 200쪽 | 9,000원

내 아이 스타 만들기
김민성 지음 | 신국판 | 200쪽 | 9,000원

교육 1번지 강남 엄마들의 수험생 자녀 관리
황송주 지음 | 신국판 | 288쪽 | 9,500원

초등학생이 꼭 알아야 할 위대한 역사 상식
우진영 · 이양경 지음 | 4×6배판 변형 | 228쪽 | 9,500원

초등학생이 꼭 알아야 할 행복한 경제 상식
우진영 · 전선심 지음 | 4×6배판 변형 | 224쪽 | 9,500원

초등학생이 꼭 알아야 할 재미있는 과학상식
우진영 · 정경희 지음 | 4×6배판 변형 | 220쪽 | 9,500원

한자능력검정시험 3급 · 3급Ⅱ
한자능력검정시험연구위원회 편저 | 4×6판 | 380쪽 | 7,500원

교과서 속에 꼭꼭 숨어있는 이색박물관 체험
이신화 지음 | 대국전판 | 248쪽 | 12,000원

초등학생 독서 논술(저학년)
책마루 독서교육연구회 지음 | 4×6배판 변형 | 244쪽 | 14,000원

초등학생 독서 논술(고학년)
책마루 독서교육연구회 지음 | 4×6배판 변형 | 236쪽 | 14,000원

놀면서 배우는 경제
김솔 지음 | 대국전판 | 196쪽 | 10,000원

건강생활과 레저스포츠 즐기기
강선희 외 11명 공저 | 4×6배판 | 324쪽 | 18,000원

아이의 미래를 바꿔주는 좋은 습관
배은경 지음 | 신국판 | 216쪽 | 9,500원

다중지능 아이의 미래를 바꾼다
이소영 외 6인 지음 | 신국판 | 232쪽 | 11,000원

체육학 자연과학 및 사회과학 분야의
석 · 박사 학위 논문, 학술진흥재단 등재지,
등재후보지와 관련된 학회지 논문 작성법
하철수 · 김봉경 지음 | 신국판 | 336쪽 | 15,000원

공부가 제일 쉬운 공부 달인 되기
이은승 지음 | 신국판 | 256쪽 | 10,000원

글로벌 리더가 되려면 영어부터 정복하라
서재희 지음 | 신국판 | 276쪽 | 11,500원

중국현대30년사
정재일 지음 | 신국판 | 364쪽 | 20,000원

생활호신술 및 성폭력의 유형과 예방
신현무 지음 | 신국판 | 228쪽 | 13,000원

글로벌 리더가 되는 최강 속독법
권혁천 지음 | 신국판 변형 | 336쪽 | 15,000원

디지털 시대의 여가 및 레크리에이션
박세혁 지음 | 4×6배판 양장 | 404쪽 | 30,000원

취미실용 Practical Hobbies

김진국과 같이 배우는 와인의 세계
김진국 지음 | 국배판 변형 양장본(올컬러) | 208쪽 | 30,000원

배스낚시 테크닉
이종건 지음 | 4×6배판 | 440쪽 | 20,000원

나도 디지털 전문가 될 수 있다!!!
이승훈 지음 | 4×6배판 | 320쪽 | 19,200원

건강하고 아름다운 동양란 기르기
난마을 지음 | 4×6배판 변형 | 184쪽 | 12,000원

애완견114
황양원 엮음 | 4×6배판 변형 | 228쪽 | 13,000원

경제경영 Economic Management

CEO가 될 수 있는 성공법칙 101가지
김승룡 편역 | 신국판 | 320쪽 | 9,500원

정보소프트
김승룡 지음 | 신국판 | 324쪽 | 6,000원

기획대사전
다카하시 겐코 지음 | 홍영의 옮김 | 신국판 | 552쪽 | 19,500원

맨손창업 · 맞춤창업 BEST 74
양혜숙 지음 | 신국판 | 416쪽 | 12,000원

무자본, 무점포 창업! FAX 한 대면 성공한다
다카시로 고시 지음 | 홍영의 옮김 | 신국판 | 226쪽 | 7,500원

성공하는 기업의 인간경영
중소기업 노무 연구회 편저 | 홍영의 옮김
신국판 | 368쪽 | 11,000원

21세기 IT가 세계를 지배한다
김광희 지음 | 신국판 | 380쪽 | 12,000원

경제기사로 부자아빠 만들기
김기태 · 신현태 · 박근수 공저 | 신국판 | 388쪽 | 12,000원

포스트 PC의 주역 정보가전과 무선인터넷
김광희 지음 | 신국판 | 356쪽 | 12,000원

성공하는 사람들의 마케팅 바이블
채수명 지음 | 신국판 | 328쪽 | 12,000원

느린 비즈니스로 돌아가라
사카모토 게이이치 지음 | 정성호 옮김 | 신국판 | 276쪽 | 9,000원

적은 돈으로 큰돈 벌 수 있는 부동산 재테크
이원재 지음 | 신국판 | 340쪽 | 12,000원

바이오혁명
이주영 지음 | 신국판 | 328쪽 | 12,000원

성공하는 사람들의 자기혁신 경영기술
채수명 지음 | 신국판 | 344쪽 | 12,000원

CFO
교텐 토요오 · 타하라 오키시 지음 | 민병수 옮김
신국판 | 312쪽 | 12,000원

네트워크시대 네트워크마케팅
임동학 지음 | 신국판 | 376쪽 | 12,000원

성공리더의 7가지 조건
다이앤 트레이시 · 윌리엄 모건 지음 | 지창영 옮김

신국판 | 360쪽 | 13,000원

김종결의 성공창업
김종결 지음 | 신국판 | 340쪽 | 12,000원

최적의 타이밍에 내 집 마련하는 기술
이원재 지음 | 신국판 | 248쪽 | 10,500원

컨설팅 세일즈 Consulting sales
임동학 지음 | 대국전판 | 336쪽 | 13,000원

연봉 10억 만들기
김농주 지음 | 국판 | 216쪽 | 10,000원

주5일제 근무에 따른 한국형 주말창업
최효진 지음 | 신국판 변형 양장본 | 216쪽 | 10,000원

돈 되는 땅 돈 안되는 땅
김영준 지음 | 신국판 | 320쪽 | 13,000원

돈 버는 회사로 만들 수 있는 109가지
다카하시 도시노리 지음 | 민병수 옮김 | 신국판 | 344쪽 | 13,000원

프로는 디테일에 강하다
김미현 지음 | 신국판 | 248쪽 | 9,000원

머니투데이 송복규 기자의
부동산으로 주머니돈 100배 만들기
송복규 지음 | 신국판 | 328쪽 | 13,000원

성공하는 슈퍼마켓&편의점 창업
나명환 지음 | 4×6배판 변형 | 500쪽 | 28,000원

대한민국 성공 재테크
부동산 펀드와 리츠로 승부하라
김영준 지음 | 신국판 | 256쪽 | 12,000원

마일리지 200% 활용하기
박성희 지음 | 국판 변형 | 200쪽 | 8,000원

1%의 가능성에 도전,
성공 신화를 이룬 여성 CEO
김미현 지음 | 신국판 | 248쪽 | 9,500원

3천만 원으로 부동산 재벌 되기
최수길 · 이숙 · 조연희 지음 | 신국판 | 290쪽 | 12,000원

10년을 앞설 수 있는 재테크
노동규 지음 | 신국판 | 260쪽 | 10,000원

세계 최강을 추구하는 도요타 방식
나카야마 키요타카 지음 | 민병수 옮김 | 신국판 | 296쪽 | 12,000원

최고의 설득을 이끌어내는 프레젠테이션
조두환 지음 | 신국판 | 296쪽 | 11,000원

최고의 만족을 이끌어내는 창의적 협상
조강희 · 조원희 지음 | 신국판 | 248쪽 | 10,000원

New 세일즈 기법 물건을 팔지 말고 가치를 팔아라
조기선 지음 | 신국판 | 264쪽 | 9,500원

작은 회사는 전략이 달라야 산다
황문진 지음 | 신국판 | 312쪽 | 11,000원

돈되는 슈퍼마켓&편의점 창업전략(입지 편)
나명환 지음 | 신국판 | 352쪽 | 13,000원

25 · 35 꼼꼼 여성 재테크
정원훈 지음 | 신국판 | 224쪽 | 11,000원

대한민국 2030 독특하게 창업하라
이상헌 · 이호 지음 | 신국판 | 288쪽 | 12,000원

왕초보 주택 경매로 돈 벌기
천관성 지음 | 신국판 | 268쪽 | 12,000원

New 마케팅 기법 〈실천편〉
물건을 팔지 말고 가치를 팔아라 2
조기선 지음 | 신국판 | 240쪽 | 10,000원

퇴출 두려워 마라 홀로서기에 도전하라
신정수 지음 | 신국판 | 256쪽 | 11,500원

슈퍼마켓&편의점 창업 바이블
나명환 지음 | 신국판 | 280쪽 | 12,000원

위기의 한국 기업 재창조하라
신정수 지음 | 신국판 양장본 | 304쪽 | 15,000원

취업닥터
신정수 지음 | 신국판 | 272쪽 | 13,000원

합법적으로 확실하게 세금 줄이는 방법
최상호 · 김기근 지음 | 대국전판 | 372쪽 | 16,000원

선거수첩
김용한 엮음 | 4×6판 | 184쪽 | 9,000원

소상공인 마케팅 실전 노하우
(사)한국소상공인마케팅협회 지음 | 황문진 감수
4×6배판변형 | 372쪽 | 22,000원

주식 Shares

개미군단 대박맞이 주식투자
홍성걸(한양증권 투자분석팀 팀장) 지음 | 신국판 | 310쪽 | 9,500원

알고 하자! 돈 되는 주식투자
이길영 외 2명 공저 | 신국판 | 388쪽 | 12,500원

항상 당하기만 하는 개미들의
매도 · 매수타이밍 999% 적중 노하우
강경무 지음 | 신국판 | 336쪽 | 12,000원

부자 만들기 주식성공클리닉
이창희 지음 | 신국판 | 372쪽 | 11,500원

선물 · 옵션 이론과 실전매매
이창희 지음 | 신국판 | 372쪽 | 12,000원

너무나 쉬워 재미있는 주가차트
홍성무 지음 | 4×6배판 | 216쪽 | 15,000원

주식투자 직접 투자로
높은 수익을 올릴 수 있는 비결
김학균 지음 | 신국판 | 230쪽 | 11,000원

억대 연봉 증권맨이 말하는
슈퍼 개미의 수익나는 원리
임정규 지음 | 신국판 | 248쪽 | 12,500원

역학 Science of divination

역리종합 만세력
정도명 편저 | 신국판 | 532쪽 | 10,500원

작명대전
정보국 지음 | 신국판 | 460쪽 | 12,000원

하락이수 해설
이천교 편저 | 신국판 | 620쪽 | 27,000원

현대인의 창조적 관상과 수상
백운산 지음 | 신국판 | 344쪽 | 9,000원

대운용신영부적
정재원 지음 | 신국판 양장본 | 750쪽 | 39,000원

사주비결활용법
이세진 지음 | 신국판 | 392쪽 | 12,000원

컴퓨터세대를 위한 新 성명학대전
박용찬 지음 | 신국판 | 388쪽 | 11,000원

길흉화복 꿈풀이 비법
백운산 지음 | 신국판 | 410쪽 | 12,000원

새천년 작명컨설팅
정재원 지음 | 신국판 | 492쪽 | 13,900원

백운산의 신세대 궁합
백운산 지음 | 신국판 | 304쪽 | 9,500원

동자삼 작명학
남사모 지음 | 신국판 | 496쪽 | 15,000원

구성학의 기초
문길여 지음 | 신국판 | 412쪽 | 12,000원

소울음소리
이건우 지음 | 신국판 | 314쪽 | 10,000원

자유인 김완수의 세계 자연경관 후보지 21곳 탐방과

세계 7대 자연경관 견문록

2011년 12월 20일 제1판 1쇄 발행

지은이 김완수
펴낸이 강선희
펴낸곳 가림출판사

등록 1992. 10. 6. 제4-191호
주소 서울시 광진구 중곡 2동 161-27 경남빌딩 5층
(대표전화)458-6451 (팩스)458-6450
홈페이지 http://www.galim.co.kr
전자우편 galim@galim.co.kr

값 27,000원

ⓒ 김완수, 2011

무단복제 · 전재를 절대 금합니다.

ISBN 978-89-7895-358-0 13980

가림출판사 · 가림M&B · 가림Let's의 홈페이지(http://www.galim.co.kr)에 들어오시면 가림출판사 · 가림M&B · 가림Let's의 신간도서 및 출간 예정 도서를 포함한 모든 책들을 만나실 수 있습니다.
온라인 서점을 통하여 직접 도서 구입도 하실 수 있으며 가림 홈페이지 내에서 전국 대형 서점들의 사이트에 링크하시어 종합 신간 안내 및 각종 도서 정보, 책과 관련된 문화 정보를 받아보실 수 있습니다.
또한 홈페이지 방문시 회원으로 가입하시면 신간 안내 자료를 보내드립니다.